JN271321

絵とき
切削油剤
基礎のきそ

Mechanical Engineering Series

海野邦昭 [著]
Unno Kuniaki

日刊工業新聞社

はじめに

　日本は、安い原料とエネルギーを輸入し、それに付加価値を付けて輸出をして、食糧などを輸入する貿易立国です。そのため、原料やエネルギーの高騰は日本のモノづくりのあり方に、直接かかわってきます。また環境問題に関連したCO_2排出量削減問題は、新しい環境対応加工技術の開発を要求しております。これらの変化は、一過性ではなく、中国、インド、ロシアおよびブラジルなどの工業化に伴い、今後とも続くものです。すなわち現在は、わが国のモノづくりにおけるパラダイムシフトが急激に起こっていると言えます。

　そのため、切削工具の性能向上に伴い、切削油剤をできるだけ使用しない加工技術が開発され、ドライ加工やセミドライ加工が行われています。また、地球温暖化に伴う異常気象の発生が深刻な問題となり、CO_2排出量削減が急務となっております。そのうえ、機械加工に占める電力消費量のうち切削油剤に関連するものが多いので、その削減を目的とした環境対応加工技術の開発も進められております。このような状況下において、産業構造の転換やこれらの問題への対応が遅れると、日本の製造業が海外移転を余儀なくされ、国内における雇用の空洞化を招くのではないかと危惧されます。

　このような現状を、何とか若い人達に理解して貰いたいと思っていた折りに、日刊工業新聞社の奥村功氏と新日本編集企画の飯嶋光雄氏より、やさしい絵解きで「切削油剤　基礎のきそ」を執筆したらというお誘いを受けました。しかしながら、手元に執筆するだけのデータがありませんでした。そこで切削油技術研究会事務局長の小野肇氏にご協力をお願いし、快諾を得ましたので、

思い切って執筆することと致しました。

　しかしながら、切削油剤のことを絵解きで示そうと思いましたが、手元に適当なイラストがありません。そこでユシロ化学工業、ケミックおよびエヌ・エスルブリカンツの各社に資料のご提供をお願いいたしました。また、最近のＭＱＬ加工に関しても、適切な画像がありませんでしたので、日本工業大学　神雅彦准教授、フジＢＣ技研、クール・テック、ホーコス、大同メタル、日本スピードショア、扶桑精機、不二越、ミクロン精密、ジェイテクト、カシワミルボーラ、アマノおよび小楠金属工業の各社にお願いし、貴重なデータをいただきました。

　そして執筆にあたっては、切削油剤関連の文献がほとんどないので、切削油技術研究会編「切削油剤ハンドブック」(工業調査会)およびJuntsuNet21（http://www.jyuntsu.co.jp）を参照し、そしてその内容を絵解きなので、できるだけ表や図にアレンジさせていただきました。ご了承いただきたいと存じます。またイラスト化にあたり、ジャストシステムのご協力を得ました。

　ここに述べたことが、明日の日本を背負う若い人達の少しでもお役に立てれば幸いと思っております。また環境対応加工技術が進展し、少しでも環境問題に寄与できれば望外の喜びと思います。おわりに執筆に際し、ご協力いただいた皆さまに改めて御礼申し上げます。

2009年11月

　　　　　　　　　　　　　　　　　　　　　　　海野　邦昭

絵とき 「切削油剤」 基礎のきそ

目　次

はじめに …………………………………………………………………………… 1

第1章　切削油剤の必要性
1-1　「切る」と「削る」 ……………………………………………………… 6
1-2　切削特性の理解 …………………………………………………………… 9
1-3　研削特性の理解 …………………………………………………………… 25

第2章　切削油剤の作用と効果
2-1　切削油剤の効果 …………………………………………………………… 38
2-2　切削油剤の働き …………………………………………………………… 40

第3章　切削油剤の種類と特性
3-1　JISによる切削油剤の分類 ……………………………………………… 54
3-2　不水溶性切削油剤 ………………………………………………………… 55
3-3　水溶性切削油剤 …………………………………………………………… 59

第4章　切削油剤の選択
4-1　切削加工と切削油剤 ……………………………………………………… 74
4-2　研削加工と研削油剤 ……………………………………………………… 76
4-3　不水溶性油剤か水溶性油剤か …………………………………………… 77
4-4　不水溶性切削油剤とその用途 …………………………………………… 81
4-5　水溶性切削油剤とその用途 ……………………………………………… 82

4-6　工作物の材質と切削油剤の選択 ……………………… 83
4-7　加工方法と切削油剤の選択 …………………………… 85
4-8　切削油剤選択のデータベース化 ……………………… 92

第5章　切削油剤の供給方法
5-1　各種給油法とその概要 ………………………………… 96
5-2　ミスト給油によるMQL ……………………………… 104
5-3　冷風切削加工 …………………………………………… 140
5-4　研削加工と研削油剤の供給法 ………………………… 142

第6章　切削油剤と使用上の問題点
6-1　切削油剤と健康問題 …………………………………… 157
6-2　水溶性切削油剤の希釈 ………………………………… 161
6-3　切削油剤と作業環境 …………………………………… 164
6-4　切削油剤と地球環境 …………………………………… 180

参考文献 ……………………………………………………… 184
索　引 ………………………………………………………… 187

第1章

切削油剤の必要性

　切削油剤を上手に使用するためには、切削加工や研削加工の基本的な原理をよく理解しておくことが大切です。そこでここでは切削加工や研削加工の基礎的な知識をできるだけやさしい絵解きで解説しました。そして切削工具の切れ味には切削油剤の潤滑性が影響し、また研削加工における熱的損傷を防止するためには、その冷却性が大切であることを示しました。

1-1 ● 「切る」と「削る」

　私達は、一口に「切削」と言いますが、「切る」と「削る」は意味が異なります。図1-1に示すように、みなさんはリンゴの皮を鋭利なナイフでむくことができるでしょう。図1-2が皮をむき終わったリンゴです。リンゴの皮が上手にむけていれば、それは薄いリボン状のものとなります。では、その皮をリンゴに巻き付けてみましょう。リボン状の皮を巻き付けると、リンゴは元の形に戻ります（図1-3）。

　では、もしもリンゴが鋼材でできていたらどうなるでしょう。リンゴが鋼材でできていたならば、鋭利なナイフでその皮をむくことはできません。鋭利なナイフが破損してしまうでしょう。そのためこの場合は、図1-4に示すようなバイトという切削工具を用います。このバイトを用

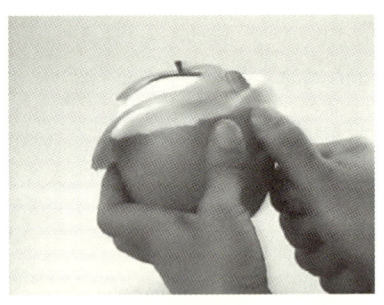

図1-1　リンゴの皮をナイフでむく 　　図1-2　むき終わったリンゴの皮

図1-3　元の形に戻ったリンゴ 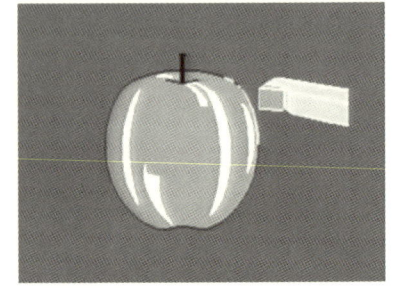　　図1-4　鋼材でできたリンゴ

いれば、**図 1-5** に示すように、鋼製のリンゴの皮をむくことができます。そこでこのむいた皮を鋼製リンゴに巻き付けてみましょう。しかしながら鋼製リンゴの場合には、皮を巻き付けても、そのリンゴは元の形には戻りません（**図 1-6**）。

では、これらにはどのような違いがあるのでしょうか。**図 1-7** が切ると削るの違いを示したものです。簡単に言えば、「切る」は切りくずが変形せず、その切りくずを貼り付ければ、元の形に戻る場合です。また「削る」は切りくずが変形し、それを貼り付けても、元の形に戻らない場合です。もう少し詳しく説明すると、削る場合は切りくずが変形し、またその組織も変化します。

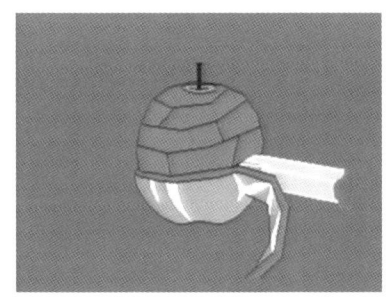

図 1-5　鋼製リンゴの皮をむく 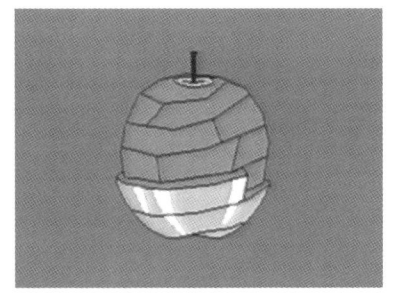　　図 1-6　元の形に戻らない鋼製リンゴ

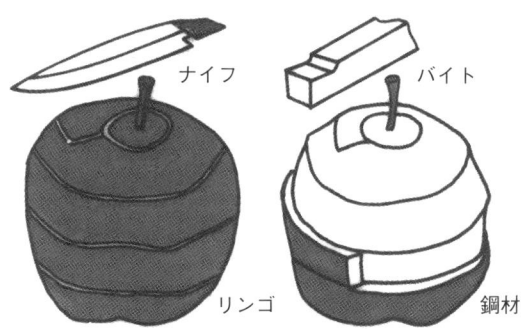

図 1-7　切ると削るの違い

このように一般的な鋼材を切削工具で加工する場合には、どうしても削ることになりますが、この場合でも、できるだけ切る状態に近づけて切削することが大切です。すなわち、切削工具の切れ味がよければ、切る状態に近づけて削ることができるのです。

　では次に、切削工具の切れ味をよくする方法を考えてみましょう。図1-8に示すように、みなさんが包丁(ほうちょう)で海苔(のり)巻きを切る場合は、その包丁をわずかに湿らしておくと切れ味がよいですね[31]。湿らさない場合は、包丁が海苔巻きにくっついて、なかなか切れないでしょう。この包丁をわずかに湿らすことが、切削油剤の1つの働きである潤滑作用です。海苔巻きと同様に、鋼材などを切削工具で加工するような場合には、そのような目的で切削油剤が用いられるのです（図1-9）。

図1-8　海苔(のり)巻きを切る

鋼製リンゴを切削する場合などに切削油剤を使うんだよ！

図1-9　切削工具の潤滑

1-2 ● 切削特性の理解

（1） 切りくずの変形

　切削油剤を上手に使用するには、切削特性をよく理解しておくことが大切です。まず、切削加工とは何かということです。**図1-10**に示すように、切削工具を用いて、工作物から余分な部分を取り除き、所要の形状・寸法および表面性状に仕上げるのが切削加工です。このような切削加工においては、切削工具と工作物間で、ものすごい変化が生じています。前述のように、鋼材のリンゴをバイトで切削すると、切りくずが変形し、その切りくずを巻き付けても、元の形には戻りませんでしたね。通常、このような変化を目で見ることは難しいのですが、高速度カメラで撮影すると、切りくずが変形する様子がよく分かります。

　そこで木材にカンナをかけるような切削状態を考えることにします（**図1-11**）。このときの刃先と工作物の関係は**図1-12**のようになっています。このような切削状態を二次元切削（切りくずが刃物のすくい面に直角に排出される場合）と呼びます。この場合は、鋼材をバイトで切削していますが、工作物の側面に四角形をけがいておくと、切削時にその四角形が刃先の近傍で大きく変形している様子が分かります。すなわち、

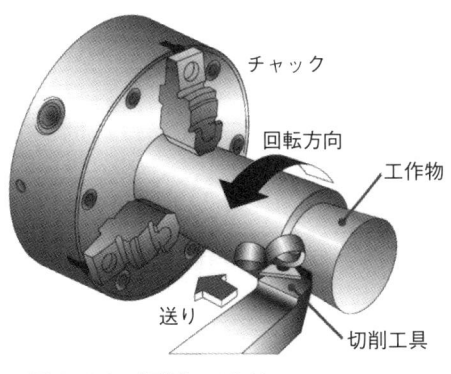

図1-10　切削加工とは（三菱マテリアル） 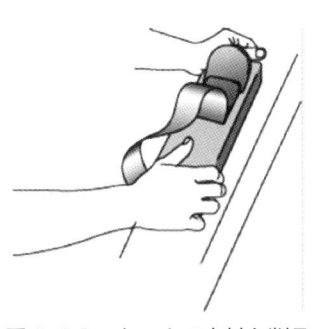　　図1-11　カンナで木材を削る

第1章 ● 切削油剤の必要性

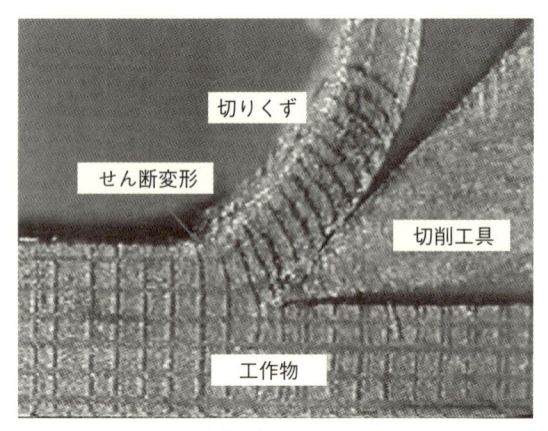

図 1-12　切削時の切りくずの変形（不二越）

バイト刃先の近傍で、工作物に滑り（せん断変形）が生じているのです。その結果、バイトで工作物を切削することにより、切りくずが変形するとともに、その組織も変化します。鋼材などの切削時には、このような大きな変化が生じているのです。

（2）　切削工具の切れ味

　では、切削工具の切れ味とは何かを考えてみましょう。一口に切削工具の切れ味と言いますが、その意味するところは、みな、違うのではないでしょうか。すなわち、切れ味という表現は、曖昧で、定性的なのです。そのため、切削加工の自動化などに際しては、この切削工具の切れ味を定量的に表現し、コンピュータにも理解できるようにすることが大切になっています。

　そこで図 1-12 に示した工作物と切削工具との関係を**図 1-13** のように表現し、切れ味の定量的な表現を検討してみることにします。この場合に大切なのが、バイトのすくい角と逃げ角です。すくい角は切削工具の刃先で加工面に対し垂線を立て、その垂線とすくい面とのなす角です。また逃げ角は、加工面と逃げ面とのなす角です。

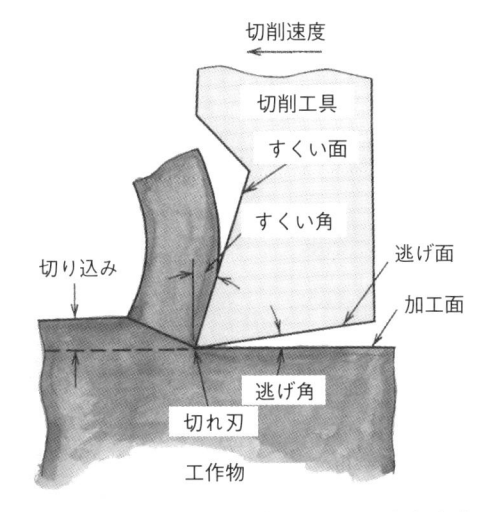

図 1-13　切削時の工作物と工具の各部名称

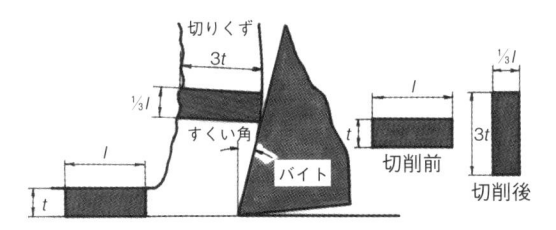

図 1-14　鋼材切削時の切りくずの変形

　このようなバイトで、鋼材を切削するような場合には、切りくずは**図1-14**のように変形します。この場合、切り込みを t とすれば、切りくず厚さが切り込みの約3倍（$3t$）となり、切りくず長さが約 $1/3l$ となります。そこで、工作物に滑りが生じるせん断面と加工面とのなす角をせん断角と呼べば、このせん断角がバイトの切れ味に対応すると考えられます（**図1-15**）。

　図1-16にバイトのすくい角とせん断角との関係を示します。すくい角を大きくし、バイトの刃先を鋭利にすると、せん断角は大きくなります。すなわち、せん断角が大きくなると、薄い切りくずが生成され、バ

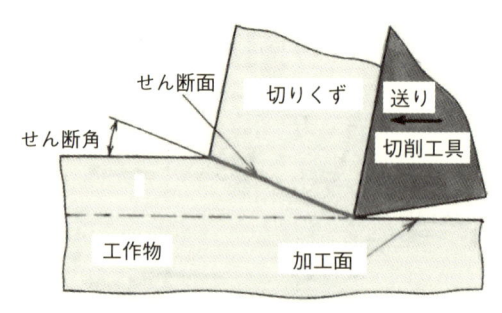

図 1-15 せん断角とは

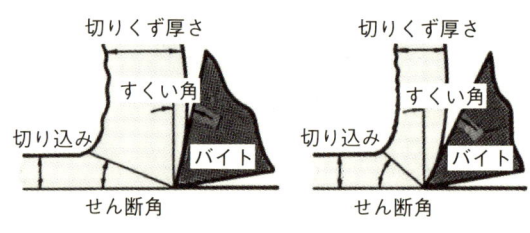

図 1-16 バイトのすくい角とせん断角

イトの切れ味がよくなります。そして、このせん断角は次の式により求めることができます。

$$\tan\phi = (t_1/t_2)\cos\alpha / \{1 - (t_1/t_2)\sin\alpha\}$$
t_1：切り込み　t_2：切りくず厚さ　α：すくい角

　たとえば、片刃バイトを用いて丸棒の外周切削をするような場合、あるいは突切り切削などでは、工作物 1 回転当たりの送りが図 1-16 に示した切り込みに対応すると見なせます（**図 1-17**）。通常、バイトのすくい角は分かっているので、このような切削時の切りくず厚さを管厚マイクロメータなどで測定すれば、せん断角を計算により求めることができます（**図 1-18**）。

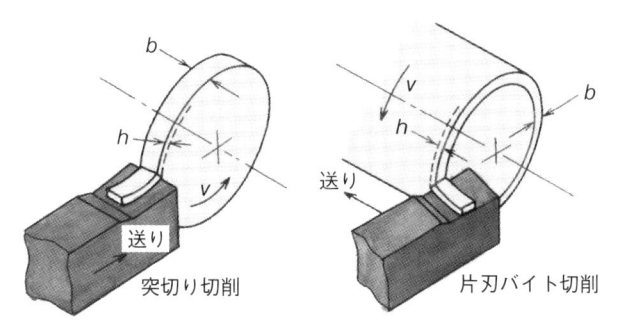

図 1-17 　旋削時の二次元切削

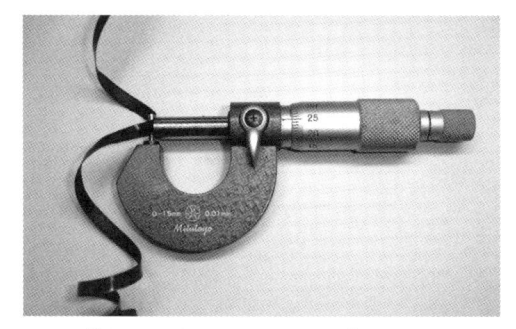

図 1-18 　管厚マイクロメータによる切りくず厚さの測定

（3）　バイト切れ味の良好化

　では、切削時のバイト（切削工具）の切れ味をよくするにはどうしたらよいかを考えてみましょう。その1つがバイトの刃先を鋭利にする、すなわちすくい角を大きくすることです。ただし、切削時に刃先が破損しない範囲でということが条件です。また、高速で切削することや潤滑をすることにより、バイトの切れ味がよくなります（図 1-19）。すなわち、切削工具のすくい角を大きくすること、高速で切削することそして潤滑をすることが刃物の切れ味をよくする3要素と言えそうです。そのため通常の切削では、潤滑の目的で切削油剤が用いられているのです。

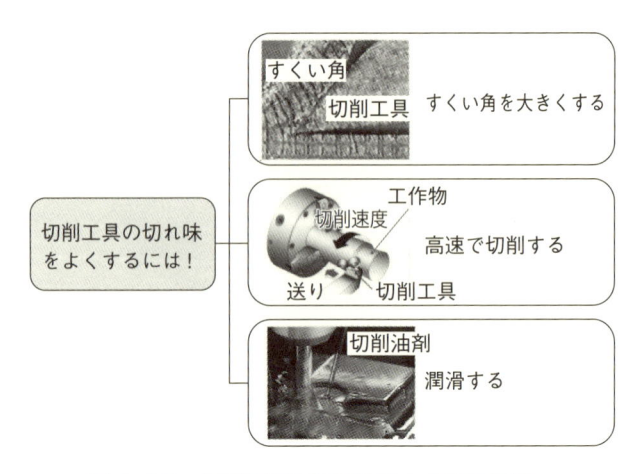

```
                         すくい角
                         ┌─────────┐
                         │ 切削工具  │ すくい角を大きくする
                         └─────────┘

  ┌──────────────┐                  工作物
  │切削工具の切れ味│    切削速度
  │をよくするには！│────
  └──────────────┘      送り      切削工具   高速で切削する

                         切削油剤
                         ┌─────────┐
                         │         │ 潤滑する
                         └─────────┘
```

図 1-19　切削工具の切れ味をよくするには

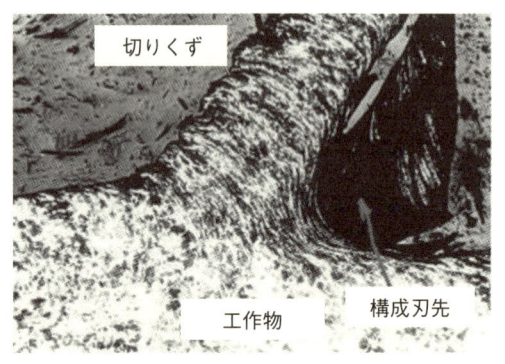

図 1-20　構成刃先の付着 (新井)

（4）構成刃先の付着

　鋼材工作物をバイトなどで切削すると、**図 1-20** に示すように、その刃先に工作物の一部が堆積し、構成刃先を生じます。この構成刃先は、切削時に発生、成長、分裂および脱落というサイクルを繰り返し、工作物の表面粗さを悪化させます（**図 1-21**）。**図 1-22** に切削時に構成刃先が付着した場合としない場合の表面粗さの違いを示します。構成刃先が付着すると、加工面が光沢面ではなく、ざらざらとした梨地になり、そ

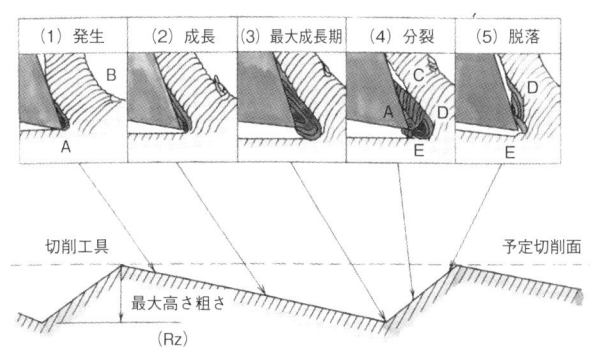

図 1-21　構成刃先の発生〜脱落サイクル（大越）

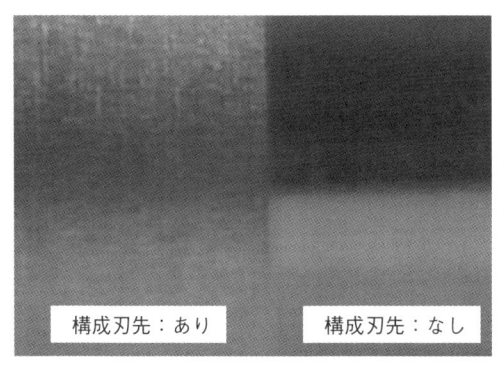

図 1-22　表面粗さに及ぼす構成刃先の影響

して表面粗さが悪くなります。そのため通常の切削では、切削工具に構成刃先が付着するのをできる限り防止することが大切です。

（5）　構成刃先の消去法

図 1-23 に切削時に構成刃先を消す方法を示します。この構成刃先を消すには、工具材料が超硬合金の場合は、高速で切削し、切削温度を鋼材の再結晶温度である 600℃ 以上にします。また、切削工具に超音波振動を付加するなど、構成刃先が工具表面に付着するのを防止することも一方法です。

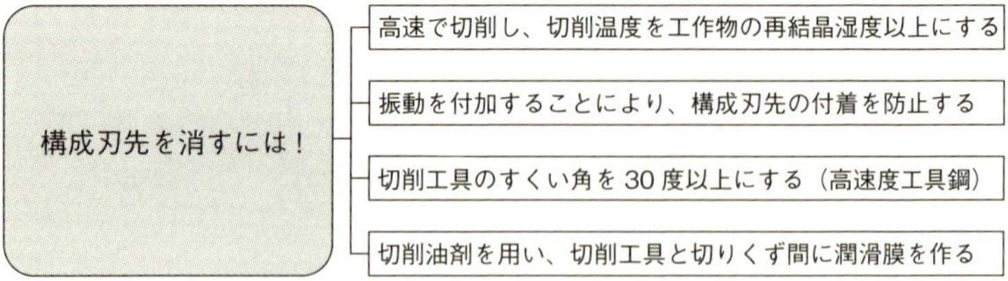

```
┌─────────────────────┐    ┌──────────────────────────────────────────────┐
│                     │──→ │ 高速で切削し、切削温度を工作物の再結晶温度以上にする │
│                     │    └──────────────────────────────────────────────┘
│                     │    ┌──────────────────────────────────────────────┐
│  構成刃先を消すには！  │──→ │ 振動を付加することにより、構成刃先の付着を防止する  │
│                     │    └──────────────────────────────────────────────┘
│                     │    ┌──────────────────────────────────────────────┐
│                     │──→ │ 切削工具のすくい角を 30 度以上にする（高速度工具鋼）│
│                     │    └──────────────────────────────────────────────┘
│                     │    ┌──────────────────────────────────────────────┐
│                     │──→ │ 切削油剤を用い、切削工具と切りくず間に潤滑膜を作る │
└─────────────────────┘    └──────────────────────────────────────────────┘
```

図 1-23　構成刃先を消すには

　また、高速度工具鋼製バイトの場合は、切削速度を高くすることができない（硬度の低下）ので、そのすくい角を約 30 度（構成刃先のなす角度は約 30 度、図 1-20 参照）にし、構成刃先がすくい面に付着するのを防止します。ただし、この方法は完全とは言えません。同時に、良質の切削油剤を用いて、切削工具と切りくず間に潤滑膜を作り、構成刃先の付着を防止します。このように、切削油剤には構成刃先の付着を防止するという働きもあり、とくに高速度工具鋼製の切削工具を用いる場合には、切削油剤はとくに大切です。

（6）　高い切削温度

　図 1-24 に切削時における切削工具と工作物の発熱部分を示します。またそれを模型化し、示したのが図 1-25 です。切削時には工作物のせん断変形による発熱、切りくずと切削工具すくい面の摩擦による発熱、および逃げ面と加工面の摩擦による発熱が生じます。その結果、切削時の刃先温度は非常に高くなります。

　超硬工具を用いた鋼材切削時に、構成刃先が約 600℃で消失することを考えれば、切削温度は 1,000℃を超えると想像できます。図 1-26 は鋼材切削時の温度をシミュレーションにより求めた結果です。この場合には、切削温度が約 1,100℃になっています。

　このように鋼材などの切削時には、切削工具の刃先温度が非常に高くなるので、切削工具と工作物間に切削油剤を供給し、潤滑や冷却をすることが非常に大切になります。このことは後述するように、みなさんの

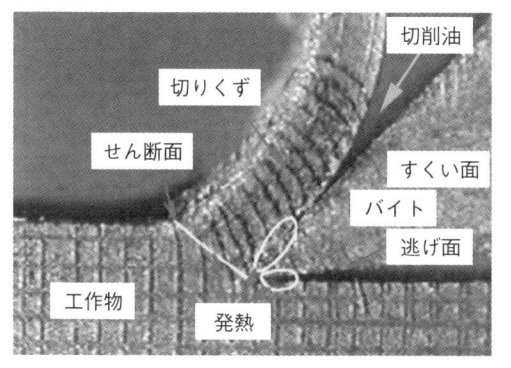

図 1-24　切削時の発熱

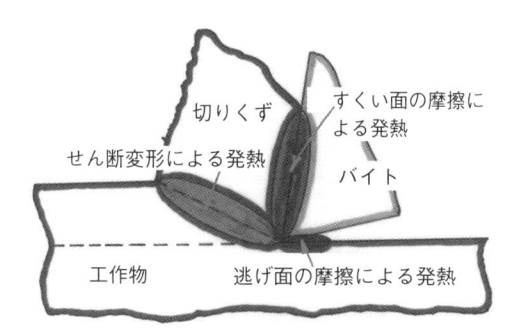

図 1-25　切りくずの変形や摩擦による発熱

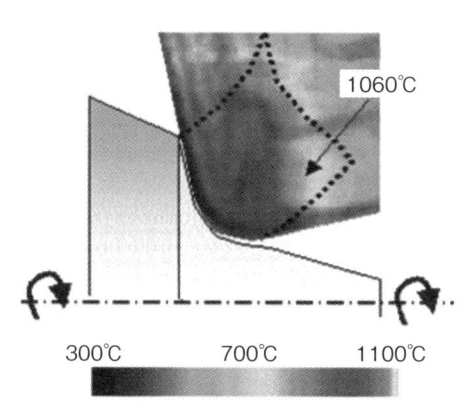

図 1-26　刃先温度のシミュレーション（野村）

第1章 ● 切削油剤の必要性

車のエンジンに、エンジンオイルを供給するのと同じと考えてよいでしょう。

（7） 大きな切削力

図1-27に丸棒の工作物をバイトで切削しているときの切削条件の表し方を示します。この場合、切り込みと送り量の積が切削断面積になり、切削力はこの切削断面積に比例します。通常、この比例定数は比切削抵抗と呼ばれ、工作物の材質に依存します。そのため工作物の材質が既知で、切り込みと送り量が分かれば、おおよその切削力が予測できます。

図1-28に旋削時にバイトに作用する切削抵抗を示します。そしてこの切削抵抗は、主分力、背分力および送り分力に分解することができます。主分力は工作物にトルクを与えるように働く力です。また背分力は、工作物を変形させたり、バイトを後方に押し付ける力で、切削時にビビリ振動や切り残しを生じさせます。そして送り分力は、バイトの送り方向に働く力で、工作機械の主軸にスラストとして作用します。

このような場合にも、切削時に切削油剤を供給し、切削工具と工作物

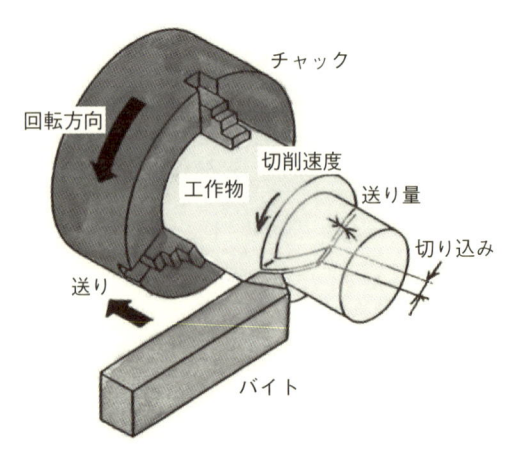

図 1-27　旋削時の切削条件の表し方

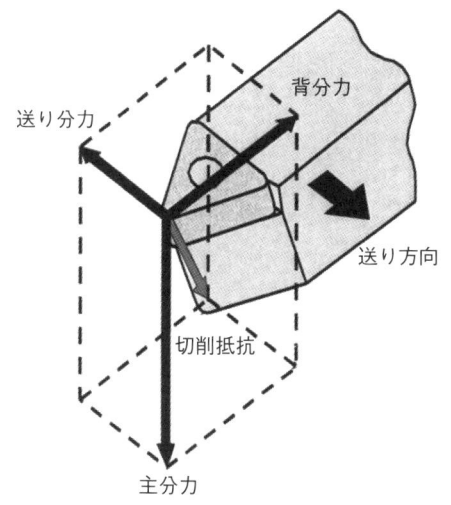

図 1-28　バイトに作用する切削抵抗

間の潤滑性を高めることにより、切削抵抗が軽減され、形状精度や寸法精度などがよくなります。

（8）　工具摩耗の発生

超硬工具による鋼材などの一般的な切削条件下では、前述のようにバイトの刃先に、約 1,000℃の高温と、1 mm^2 当たり約 200 〜 300 kgf の切削力が作用します。そのため、このような高温・高圧条件下で、切削時にはバイトの刃先に工具摩耗が生じます。

図 1-29 に工作物をバイトで切削したときの各部の名称と工具摩耗を示します[32]。切削工具のすくい面には、流出する切りくずとの摩擦により、すくい面摩耗（クレータ摩耗）が生じます（図 1-30）。また、逃げ面には逃げ面摩耗（フランク摩耗）が発生します。

通常、鋼材を超硬バイトで切削する場合、切削速度が 150 m/min 以下のときは逃げ面摩耗が、また 150 m/min を超えるとすくい面摩耗が支配

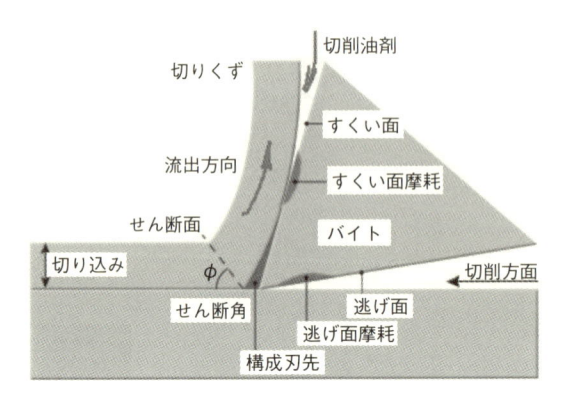

図1-29 二次元切削時の各部名称と摩耗（協同油脂）

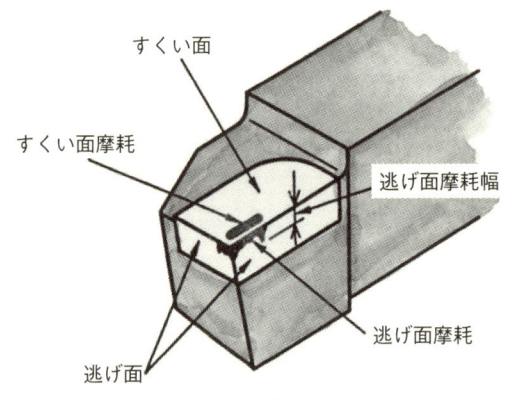

図1-30 バイトの摩耗

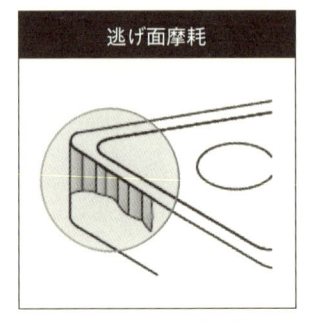

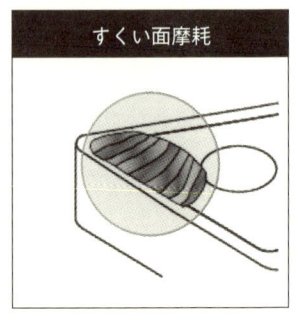

図1-31 逃げ面摩耗とすくい面摩耗（三菱マテリアル）

的になります（図1-31）。そのため、切削時に切削油剤を供給し、切削工具と工作物間の潤滑作用を高めることにより、工具摩耗の発生を低減することができます。ただし、超硬工具で断続切削の場合は、切削油剤を供給すると、熱衝撃により、摩耗が促進されることもあるので、注意する必要があります。

（9） 切削油剤の使用目的

以上、切削時に切削油剤を供給することにより、切削工具の切れ味が良くなり、工作物の形状精度や寸法精度が高くなることが理解できました。また切削油剤の潤滑効果により、工具摩耗が低減されることも分かりました。そこで、切削時における切削油剤の使用目的をまとめてみることにします（図1-32）。

前述のように、みなさんが乗っている車にもエンジンオイルが必要ですね。もしもエンジンにオイルがないと、運転時に焼き付きを生じてし

図1-32　切削油剤はなぜ必要なの

図 1-33　エンジンオイルとその作用

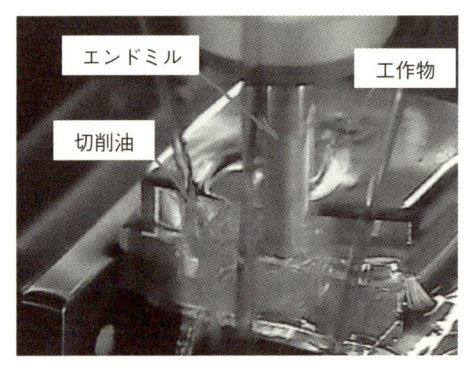

図 1-34　エンドミルによる切削

まうでしょう。このエンジンオイルには、潤滑作用、冷却作用および防錆作用などがあります（**図 1-33**）。これと同じように、切削時には切削工具や工作物の切削点近傍に、高温・高圧が作用するので、工具摩耗を低減し、また加工精度や表面性状をよくするために、切削油剤が必要になります。

　図 1-34 に高速度工具鋼製のエンドミルで鋼材を切削している状態を示します。通常、加工時には切削油剤を供給し、工具と工作物間を潤滑するとともに、切りくずを押し流し、加工硬化した切りくずをエンドミルが、再度、挟み込まないようにします。このような切削においては、工具すくい面は切りくずの流出により摩擦されますが、これら切削工具と切りくず間のわずかな空隙が切削油剤で満たされることで潤滑され、

図 1-35 切りくずと工具すくい面間の潤滑

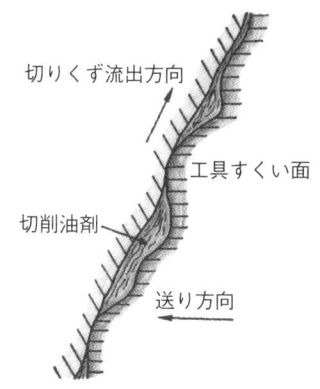

図 1-36 切りくずの巻き込みによる工具の破損

図 1-37 処理性のよい切りくず（フジＢＣ技研）

工具摩耗が低減されています（**図 1-35**）。

図 1-36 に示すように、切削油剤の供給量が少ないと、切削工具の切れ味が悪くなり、寸法精度や表面粗さが悪化するとともに、工具摩耗も大きくなります。また、加工硬化した切りくずが切削工具の周りに堆積し、その切りくずを再度切削する（挟み込む）ことにより、工具破損を生じる場合もあります。

また最近は資源・環境問題に関連し、切りくずや切削油剤のリサイクルが課題になっているので、切りくずやそれに付着した切削油の処理性も大切です（**図 1-37**）。そして、工作機械や工作物はさびやすいので、

図 1-38　機械や工作物の防錆

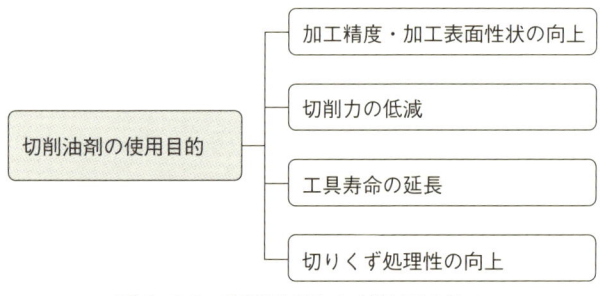

図 1-39　切削油剤をなぜ使用するの

切削油剤には防錆作用も必要となります（**図 1-38**）。
　このような切削油剤の使用目的をまとめたのが**図 1-39**です。みなさんの車にエンジンオイルを適切に供給すれば、その性能が長い間、維持されるでしょう。同様に切削時に切削油剤を適切に使用することにより、切削工具の切れ味が向上し、加工精度や表面粗さが良好に保たれるとともに、工具摩耗が軽減され、工具寿命が長くなることを理解しておきましょう。

1-3 ●研削特性の理解

（1） 研削加工とは

　研削加工は、**図1-40**に示すように、切削工具である研削といし（砥石）を用いて工作物表面をわずかに削り取りながら、所要の形状・寸法に仕上げるものです。そして、といしの作業面上には、無数の切れ刃があるので、研削時における個々の切れ刃の切り込みが非常に小さく、また研削速度が高いという特徴があります。その結果、寸法・形状精度が高く、表面粗さも小さくなります。

（2） 研削といしとは

　研削といしは、通常、と粒、結合剤および気孔の3要素で構成されています（**図1-41**）。と粒は切れ刃の働き、結合剤はと粒を保持するホルダーの働きそして気孔は切りくずを排出する働きをします。そして研削といしの研削性能は、と粒の種類、粒度（と粒の大きさ）、結合度（と粒とと粒の結びつきの強さ）、組織（といし中のと粒の体積パーセンテージ）および結合剤の種類の5因子により決定されます。研削作業を上手に行うには、これらといしの3要素、5因子をよく理解しておくことが大切です。

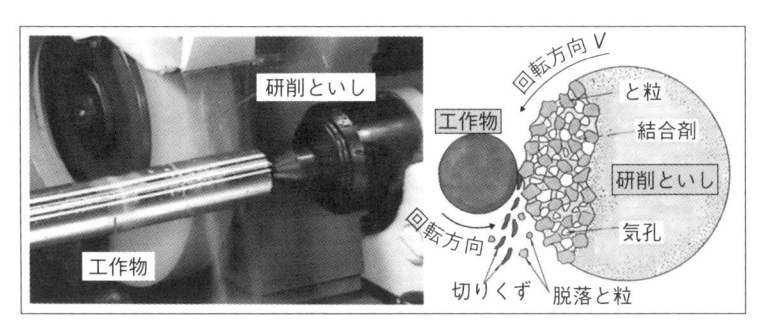

図1-40　研削加工とは

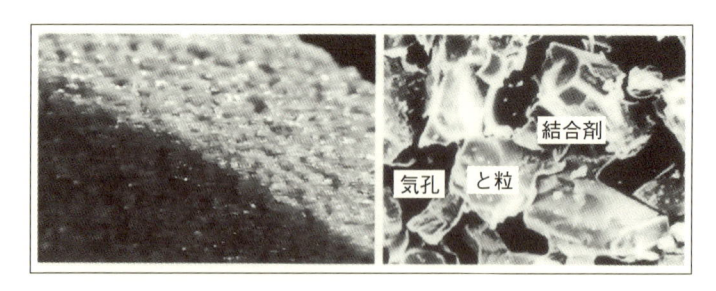

図1-41　研削といしとは

（3）といしは切れ味が悪い

　図1-42に切削加工と研削加工の特性の違いを示します。図より分かるように、切削工具のすくい角は正で、研削工具（と粒切れ刃）は負です。その結果、研削時の切れ味を示すせん断角（図1-16参照）は非常に小さくなります。すなわち、切りくずが大きく変形し、発熱も大きくなります。

　また切削時は、主分力＞背分力に対し、研削時は、主分力＜背分力となります（図1-28参照）。そのため研削時には、といし軸が逃げたり、反対に工作物が逃げたりして、切り残しを生じ、形状精度や寸法精度が悪くなります。そして、この大きな背分力に摩擦係数を掛けたものが摩擦力となり、切りくずの変形による発熱とともに、摩擦による発熱も生じます。その結果、研削点の温度は非常に高くなります（図1-26参照）。

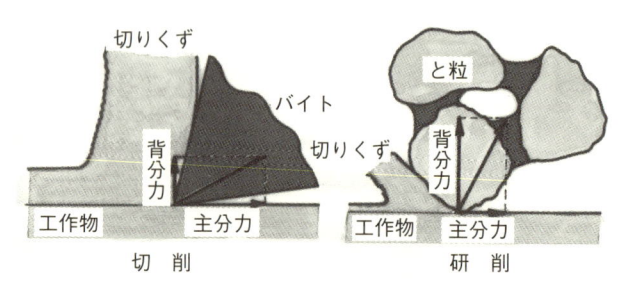

図1-42　研削加工は切れ味の悪い加工法

（4） 研削加工は熱との闘い

　切削工具と比較し、研削といしの切れ味は悪いので、鋼材切削時の構成刃先が約600℃で消失することを考慮すると、研削点の温度は非常に高くなると予想されます。通常、研削時の温度は、熱電対（温度差を検出するセンサ）により測定されますが、研削点の温度を正確に測定することは困難とされています。

　図1-43に工作物表面の温度を測定した一例を示します。図より工作物表面の平均温度は約400℃に上昇しています。切削温度やこれらの結果から判断すると、研削点近傍の温度は1,000℃を超えていると思われます。その結果、工作物（焼入れ鋼材など）の研削表面には、研削焼けや割れなどの熱的損傷が生じます（**図1-44**）。

　研削焼けは、酸化膜の厚さに依存した光の干渉色で、その膜が薄いときはわら色（赤外線側）に、また厚くなると青色（紫外線側）に変化します。また研削割れは、研削時の急激な加熱と冷却による焼割れ現象です。通常の精密研削においては、このような研削焼けや割れの発生は機械部品の寿命を非常に短くするので、できる限り熱的損傷が生じないようにします。通常、研削加工は熱との闘いと言われ、研削時に発生した

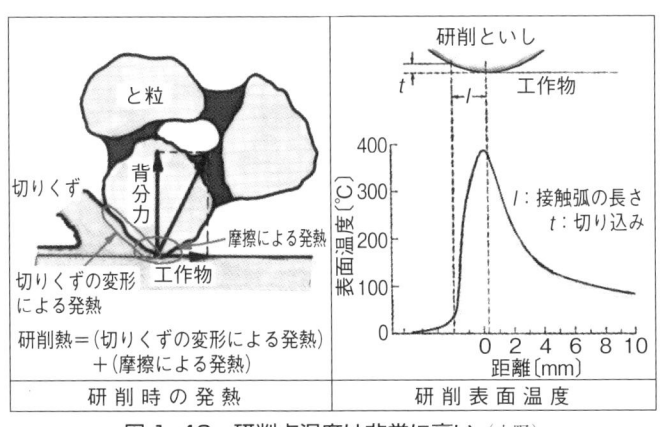

図1-43　研削点温度は非常に高い （小野）

 研削焼け	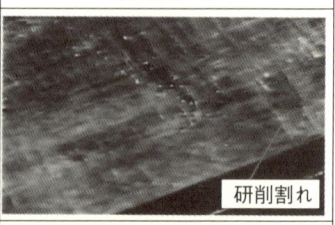 研削割れ
酸化膜の厚さに依存する光の干渉色で、膜が薄い場合はわら色で、厚くなると青色に変化。	研削時の急速な加熱と冷却による焼割れ現象。

図1-44　研削焼けや割れの発生

図1-45　研削加工は熱との闘い

熱をいかに早く取り去るかがポイントになります。そのため、研削加工には、一般的に冷却性の高い水溶性研削液（クーラント）が用いられています（図1-45）。

（5）目こぼれの発生

　研削時には目こぼれが発生します。図1-46に示す目こぼれは、と粒に作用する研削力がそれを保持する力よりも大きい場合に生じます。この研削形態では、研削時にといし作業面上のと粒が次々に脱落し、とい

図1-46　目こぼれの発生

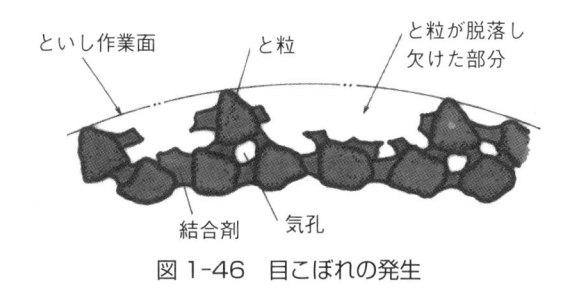

し内部より新しい切れ刃が生じるので、切れ味がよく、その結果、研削力が小さく、また研削温度も低くなります。しかしながら、といしの摩耗が多く、工作物に切り残しを生じるので、形状精度や寸法精度が悪くなります。

（6）ビビリマークの発生

図1-47に研削といしの偏摩耗を示します。前述のように、研削といしはと粒、結合剤および気孔で構成される複合体なので、そのといしを均質に作ることは非常に困難です。そのためといし作業面上のと粒保持力には局部的な違いがあるのが普通です。このようにといし作業面のと粒保持力にばらつきがあると、研削時に偏摩耗を生じ、ツルーイング（振れ取り、形直し）後に真円であったといし外周面は、その真円性を喪失します。

といしに偏摩耗が生じると、研削時の切り込みに差異を生じるので、強制振動が発生します。図1-48は平面研削盤のといしカバーに加速度ピックアップを取り付けたところです。このようにといしカバーに加速度ピックアップを取り付け、研削時の振動波形を観察すると図1-49のようになります。この場合は、といし回転数の整数倍周波数の振動が発生します。その結果、図1-50に示すようなビビリマークが発生します。

このビビリマークは研削中に発生する強制振動や自励振動によって、工作物表面に残される規則性を持ったまだら模様です。といしの偏摩耗

図1-47　研削といしの偏摩耗　図1-48　加速度ピックアップの取り付け

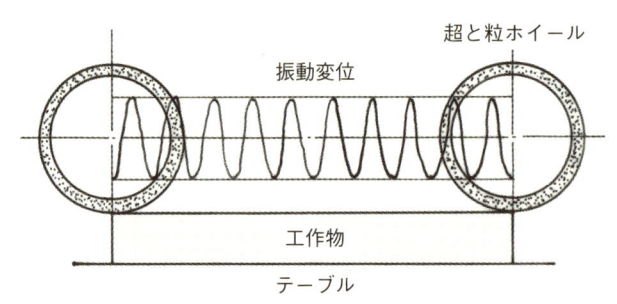

図1-49　強制振動の発生

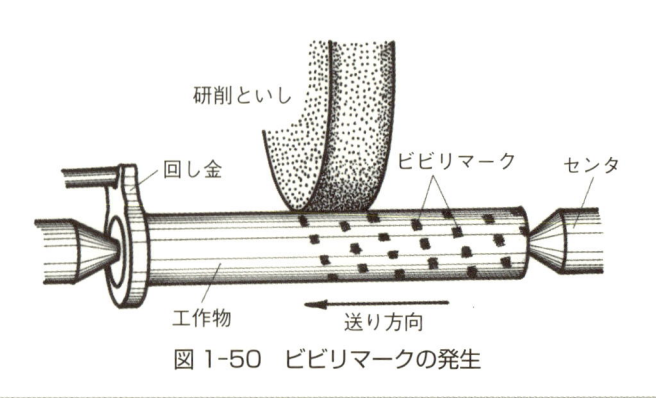

図1-50　ビビリマークの発生

のほか、といしアンバランスによってもこのようなビビリマークが生じます。研削時にこのようなビビリマークが生じると、研削面にうねりを発生し、また表面粗さも悪化するので、再度、ツルーイング・ドレッシングをして、といしの真円性と切れ刃の鋭利性を回復する必要があります。

通常、このようなドレッシング（目直し、チップポケットの創成）からドレッシングまでの間隔を「目立て間寿命」と呼び、研削時にビビリマークが発生して寿命に至る場合をビビリ形（目こぼれ形）目立て間寿命と呼んでいます。このビビリ形目立て間寿命には研削油剤の種類やその供給方法などが影響します。

（7） 目つぶれの発生

研削時に、研削力に比較しと粒の保持力が大きい場合は目つぶれが発生します。目つぶれは、**図1-51**に示すように、研削時にと粒先端が摩耗し、平滑化しても、と粒の脱落（目替わり）が生じない場合です。このような目つぶれ形研削では、といしの摩耗量が少ないので、研削比（研削量／といし摩耗量）は大きくなりますが、切れ味が悪く、その結果、研削抵抗が大きく、また研削焼けも発生しやすくなります。

（8） 研削焼けの発生

図1-52に平面研削時の研削抵抗の3分力を示します。研削時に、目

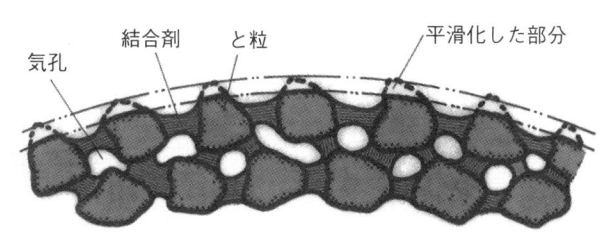

図1-51　目つぶれの発生

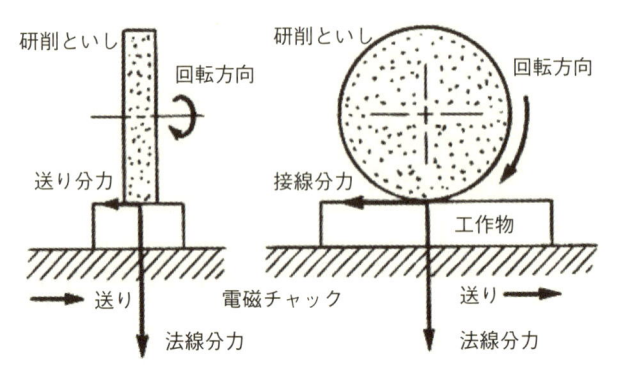

図1-52　平面研削時の研削抵抗

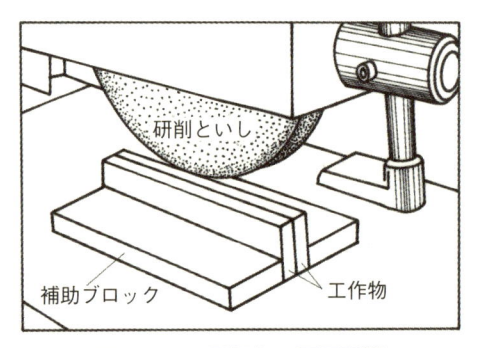

図1-53　平行台の平面研削

つぶれが生じると、研削抵抗、とくにその法線分力（背分力）が大きくなります。この研削抵抗法線分力は工作物やといし軸に変形を生じさせます。**図1-53**に示す平面研削（鋼材）の場合には、目つぶれが生じると、研削抵抗法線分力が大きくなるので、研削時に工作物端面でといし軸が逃げ、といしが上に跳ね上げられます。その結果、**図1-54**に示すように研削といしは減衰振動を生じます。そしてこのときの振動数は、といし軸系の固有振動数と一致します。

このような減衰振動が発生すると、**図1-55**に示すような、工作物端面近傍に周期性をもったうねりとともに研削焼けが発生します。そして、

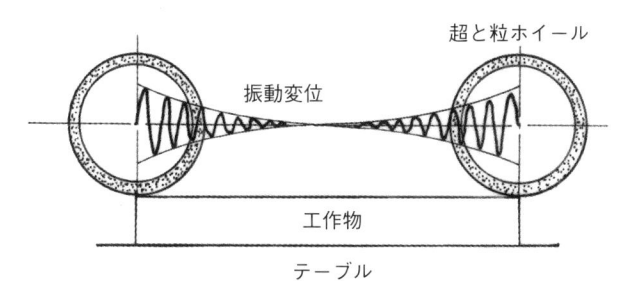

図 1-54　工作物端面でのといしの跳ね上がり

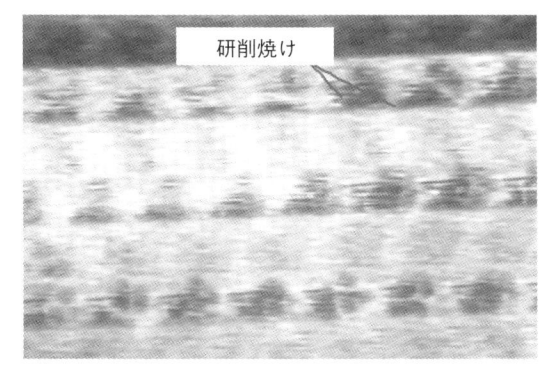

図 1-55　工作物表面の研削焼け

　この研削焼け模様のピッチは、といし軸系の固有振動数の周期と工作物の送り速度に依存します。通常、研削時にこのような研削焼けが生じた場合には、ドレッシングをして、といしの切れ味を回復する必要があります。このように、研削焼けの発生に伴いドレッシングが必要になる場合を焼け形（目つぶれ形）目立て間寿命と呼んでいます。前述のビビリ形と同様に、この焼け形の目立て間寿命には、研削油剤の種類やその供給方法などが顕著に影響します。

（9）　目づまりの発生

　銅やアルミニウムなどの延性・展性に富んだ金属を研削する場合に

は、とくに図 1-56 に示す目づまりが発生します。この目づまりは、といし作業面上の切れ刃が鋭利であるにもかかわらず、チップポケットがこれら金属の切りくずで満たされ、研削の続行が不可能になるような研削形態です。この目づまり形研削形態は、一種の目つぶれ形研削形態と見なされており、目づまりが生じると、研削焼けやビビリ振動が発生しやすくなります。そのため、この研削形態の場合には、適切な研削油剤を選択するとともに、その適切な供給法を検討し、目づまりを防止するような対策が必要になります（図 5-80 参照＝ 143 ページ）。

（10） スクラッチの発生

図 1-57 にスクラッチを示します。このスクラッチは、前述のビビリマークとは異なり、工作物表面上に生じる規則性をもたない線状の傷で

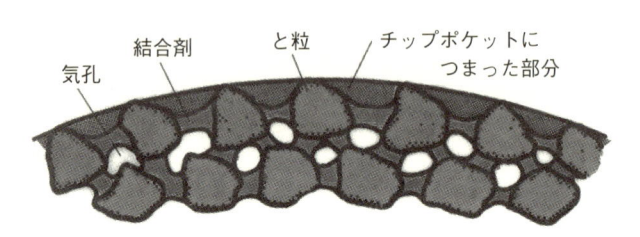

図 1-56　目づまりの発生

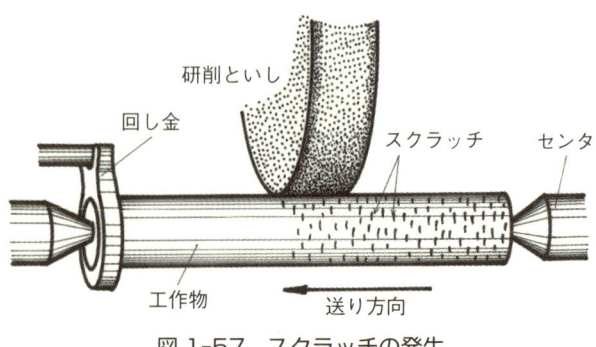

図 1-57　スクラッチの発生

す。一般的な精密研削では、このようなスクラッチの発生を防止することが大切です。通常、このスクラッチは、ドレッシング直後の不安定な切れ刃が残留するといしで工作物を研削する場合に生じますが、切りくずや脱落と粒に起因する場合も多くあります。

図1-58は平面研削盤のといしカバーを開いたところです。カバーの内面に切りくずや脱落と粒がびっしりと付着しています。研削時に、これらの切りくずや脱落と粒がといしと工作物間に挟まり、研削面に線状の傷を作ります。そのため、研削作業においては、といしカバーの内面を常にきれいにしておく必要があります。また防錆性や洗浄性の高い研削油剤を使用することも大切です。

また図1-59は研削油剤タンクです。このタンクの底に、切りくずや脱落と粒が溜まっていると、研削時にこれらが研削油剤とともに研削面に供給され、スクラッチの原因となります。そのため、研削油剤タンクを常にきれいに保つことが大切です。

(11) さびの発生

研削作業の場合には、冷却作用の大きな水溶性の研削油剤を用いる場合が多くありますが、この場合には研削盤や工作物にさびが発生しやす

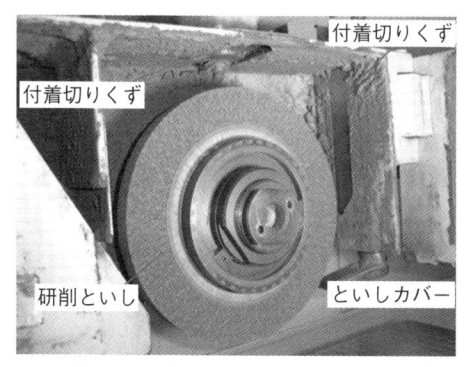

図1-58 といしカバーに付着した切りくずや脱落と粒

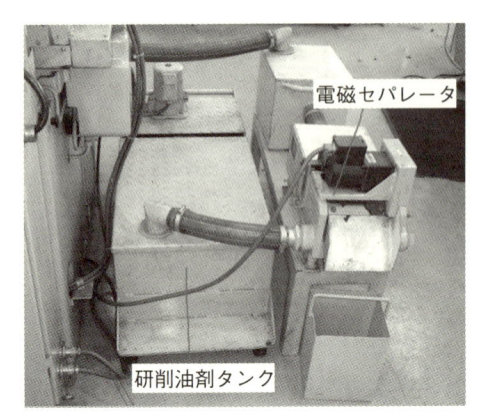

図1-59 研削油剤タンクの汚染

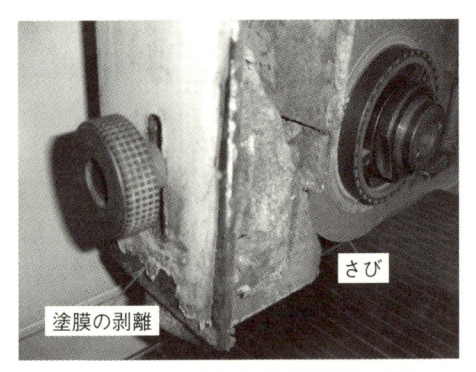

図1-60 さびおよび塗膜剥離の発生

いので注意が必要です。**図1-60**は平面研削盤のといしカバーです。この例では、といしカバーの塗膜が剥離し、さびを生じていることが分かります。同様に、研削した工作物（鋼材など）をよくウエス（ぼろ布）で研削油剤を拭かないと、さびが発生します。研削面は活性なので、非常にさびやすいのです。研削した工作物をさびさせては、今までの苦労が水の泡ですね。そのため、研削作業においては、防錆性の高い研削油剤を用い、また研削後は、工作物をよくウエスで拭いて、防錆油を塗布することが大切です。

第2章

切削油剤の作用と効果

　車のエンジンに適切なオイルを入れると、その潤滑作用で焼き付きが防止されます。また、その冷却作用により、エンジンの温度上昇が低減されます。これと同様に、切削油剤には、潤滑作用、冷却作用、浸透作用、抗溶着作用および防錆作用などがあります。切削油剤を使用する場合は、これらの特性をよく理解しておくことが大切です。ここではこれらの特性をやさしく解説しています。

2-1●切削油剤の効果

　前述のように、皆さんの車のエンジンに適切なオイルを適宜、供給すると、その摩耗や焼き付きが防止され、高性能が長く維持されますね。同様に、**図 2-1** に示す切削加工においても、その目的で切削油剤が使用されています。

　図 2-2 に切削時に切削油剤の使用目的を示します。前述のように切削時に切削油剤を用いると、せん断角が大きくなり、切削工具の切れ味が向上します（図 1-19 参照 = 14 ページ）。そのため切削抵抗が小さくなります。また工作物と切削工具間の摩擦が少なくなるので、切削温度が低下し、工具摩耗も低減します。その結果、工具寿命が長くなるとともに、

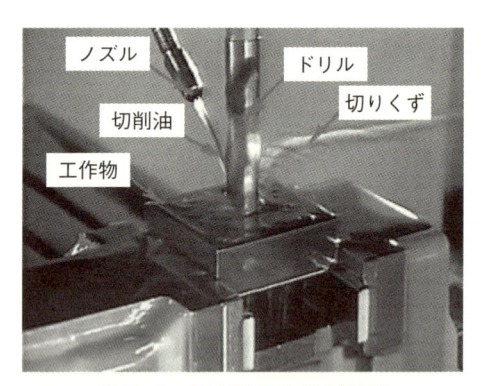

図 2-1　切削加工と切削油剤

切削工具の切れ味の向上
切削抵抗の低減
工具寿命の延長
加工精度の維持向上
仕上げ面性状の向上
切りくず処理性の向上
工作物の防錆

図 2-2　切削油剤の使用目的

工作物の形状・寸法精度や表面性状が良好に維持されます。また切りくずの処理性も向上するので、作業性が良くなります。

このように切削油剤を適切に用いれば、多くの利点があります。そのため、とくに最近は切削加工の自動化が進んでいるので、作業目的に応じて切削油剤を適切に用いることが重要になっています。

一口メモ　　しょうゆ油

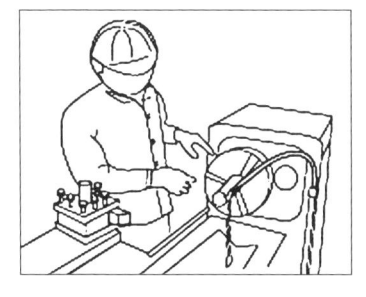

（フジBC技研）

　昔、町工場に行くと、しょうゆの臭いがしました。当時は、切削油として、しょうゆ油やなたね油などの植物油が使われていたそうです。しょうゆ油は、その原料となる丸大豆に含まれる多量の油脂が、もろみを圧搾して得られた液体の上に浮かんでくるものです。

　以前は、このしょうゆ油をノズルで加工点にわずかに流したり（流し給油）、あるいは筆につけて切削工具の刃先に塗布していたそうです。また高速度工具鋼を用いた旋盤親ねじの切削には、牛脂やラードが使われていたと実習の先生から聞きました。

　このようにしょうゆ油やなたね油などの植物油、また牛脂やラードなどの動物油は、すべて油脂で、代表的な油性剤です。そして潤滑油として用いられています。最近の環境問題に関連し、これらの油脂が見直されています。

第2章 ● 切削油剤の作用と効果

2-2 切削油剤の働き

　図2-3に切削油剤の作用を示します[1]。切削油剤には、潤滑作用、浸透作用、抗溶着作用、冷却作用、洗浄作用およびさび止め作用があります。そして、切削油剤の働きをまとめると図2-4のようになります。

（1）浸透作用

　図2-5に二次元切削時の切削油剤の侵入経路を示します。通常、私たちは切削工具のすくい面から切削油剤を供給（流し給油）しますが、その方向が切りくずの流出方向と反対なので、なかなか切削点近傍にその切削油剤が到達しません。この場合、切削工具の逃げ面や側面から切削油剤を供給すると、切削点近傍に届きやすくなります。このように、切削油剤はなかなか切削点近傍に到達しにくいので、その浸透作用が重要になります。

① 表面張力

　切削油剤の浸透作用を検討しようとすると、液体の表面張力（図2-6）

図2-3　切削油剤の作用

が問題になります。図2-7に示すように、蓮の葉っぱやワックスをかけた車のボデーに水滴が付着すると丸くなります。この現象は表面張力によるものです。表面張力は、液体の表面で、その表面積をできるだけ小さくしようと働く力（分子同士が引き合う力）です。一般的に、切削油剤の表面張力はそのぬれ性の尺度として用いられています。

切削油剤の働き
- 潤滑作用：摩擦を減らし、工具摩耗や切削抵抗を低減する
- 浸透作用：切削点近傍に切削油剤を到達させる
- 抗溶着作用：構成刃先の発生を抑制する
- 冷却作用：切れ刃の温度を下げて工具摩耗を低減し、また工作物の熱膨張を抑制し、加工精度を維持する
- さび止め作用：切削直後の工作物新生面を保護する
- 洗浄作用：切りくずや汚れを洗い流す

図2-4　切削油剤の働き

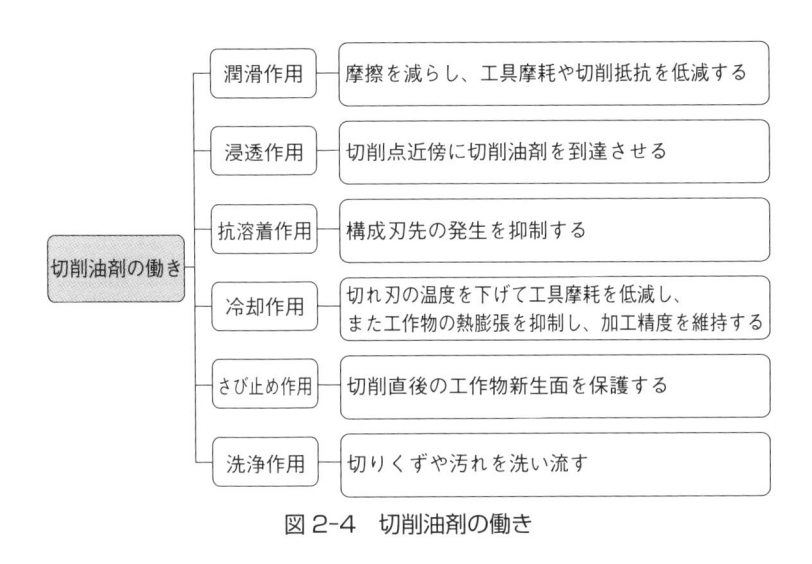

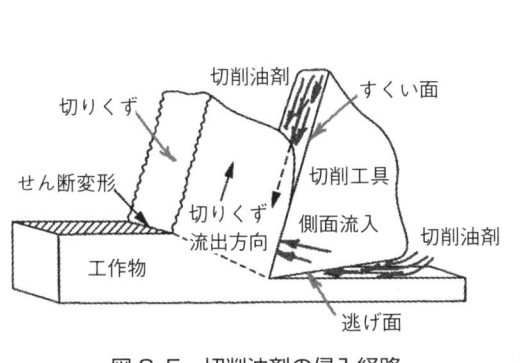

図2-5　切削油剤の侵入経路

図2-6　表面張力とは？

図2-7 水滴はなぜ丸くなる！

図2-8 ぬれ性とは？

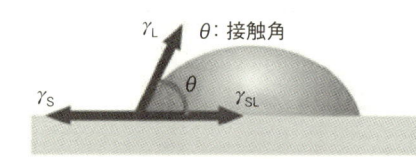

（ぬれ性って何ですか？）

γ_S … 固体の表面張力
γ_L … 液体の表面張力
γ_{SL} … 液体と固体の界面張力

http://www.face-kyowa.co.jp/j/interface_chemistry.measurement.html

図2-9 接触角とは？

② **ぬれ性**

　一般的に、固体の表面に液体が広がる性質をぬれ性（**図2-8**）と呼んでいます。このぬれ性を表す1つの指標に接触角（θ）があります（**図2-9**）[33]。固体の表面に液滴を落とすと、表面張力で丸くなりますが、その形状は液体の種類により異なります。**図2-10**は接触角が大きい場合で、ぬれ性が悪い状態です。また**図2-11**は接触角が小さい場合で、濡れ性がよいことになります。そのため接触角が小さく、ぬれ性のよい切削油剤ほど、その浸透作用が大きいと見なすことができます。

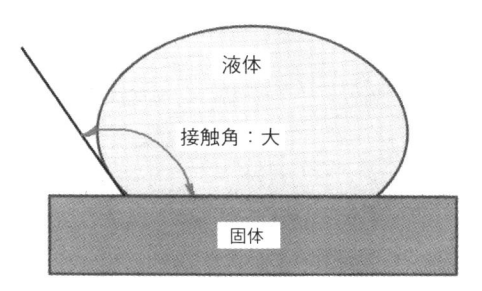

図2-10 接触角が大きい！

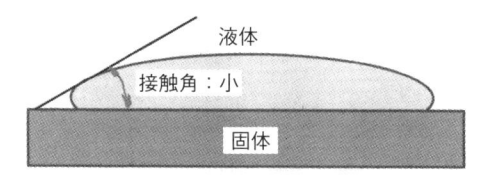

図2-11 接触角が小さい！

（2） 潤滑作用
① 金属接触の防止

前述のように切削時には、切削工具のすくい面と切りくず間、また工具逃げ面と工作物間に摩擦を生じます（図1-35参照＝23ページ）。

いま、仮に切削工具と工作物を平面と仮定し、それらの平面を合わせて、摩擦したとしましょう。この場合、両平面は密着していると思われるでしょうが、平面には必ずわずかな凹凸（表面粗さ）があるので、その接触状態は一様ではありません。**図2-12**に示すように、通常、接触は両平面の突起部分で行われます。この突起部分の真実接触面積は非常に小さく、そしてこの小さな面積で荷重を受けるので、応力（荷重／面積）が非常に大きくなります。そのためその接触面で、お互いの表面の原子が及ぼし合う結合力によって、固体同士が接合されます。この現象は凝着と呼ばれています。

ここで、切削油剤の分子モデルを**図2-13**のように考えることにします。この場合、基とは、多くの有機化合物や無機化合物の分子の一部分

に見られる安定した原子団のことです。また図における極性基とは、1つの物体に、たとえばプラスとマイナスのように、正反対の性質が場所を変えて存在する状態のことを言います。

　このような分子モデルで示される切削油剤を、両平面間に供給すると、切削油剤分子中の極性基部分が固体表面（この場合は切削工具のすくい面）に吸着します（**図2-14**）。そして、その表面に吸着分子膜を形成します（図2-11参照）。この吸着分子膜が形成されることにより、金属同士の接触が防止されることになります。このように金属同士の接触を防

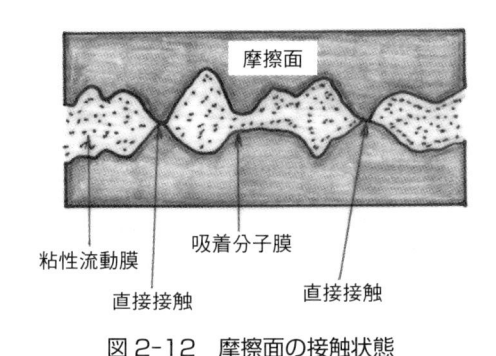

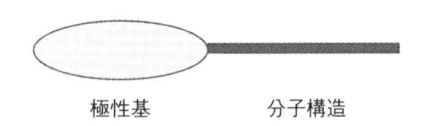

図2-12　摩擦面の接触状態

図2-13　切削油剤の分子モデル

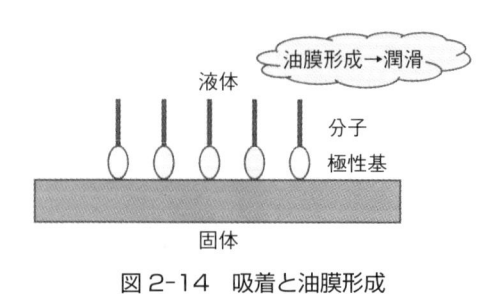

図2-14　吸着と油膜形成

止し、摩擦や摩耗を軽減することが潤滑で、切削油剤にはこのような働きがあります。

② 切りくずのわん曲

図2-15に二次元切削時の切りくずのわん曲状態を示します[2]。一般に切りくずと切削工具すくい面間の摩擦係数が小さいほど、切りくずの曲率半径が小さくなります。この場合、切削工具のすくい面に沿って働く摩擦力fは、その面に直角に作用する垂直荷重Wに比例（$f=\mu W$）します。そしてこの比例定数μを摩擦係数と呼んでいますが、この摩擦係数の値は面の凹凸や潤滑状態によって異なります。

いま、仮に鋼材を乾式で切削する場合と、切削油剤を使用して切削する場合の切りくずのわん曲状態を比較してみることにします。図2-16に示すように、乾式切削（切削油剤を用いない）の場合は、切りくずわん曲の曲率半径が大きく、また切りくずと切削工具すくい面間の接触長さも大きくなっています[34]。反対に湿式切削（切削油剤を使用）の場合は、切りくずの曲率半径が小さく、また切りくずと工具すくい面間の接触長さが小さくなります。

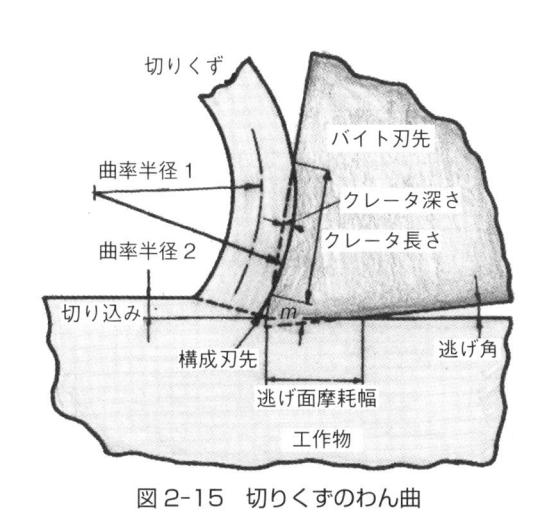

図2-15 切りくずのわん曲

このように良質の切削油剤を使用し、切りくずと切削工具間の摩擦係数を小さくすることにより、切りくずの曲率半径が小さくなります。そして、切りくずと工具すくい面間の接触長さが小さくなるので、切削工具の切れ味がよくなります。

（3） 抗溶着作用

前述のように鋼材などを切削工具で低速で切削すると、**図 2-17** で示すような構成刃先が付着します（図 1-20 参照 = 14 ページ）。切削中に構成刃先は、発生、成長および脱落を繰り返し、表面粗さの悪化を招きます（図 1-22 参照 = 15 ページ）。そのため、切削時に構成刃先が切削工具へ付着するのを防止することが大切になります。

鋼材を超硬バイトで切削するような場合には、切削速度を高くして、その再結晶温度である 600℃ 以上にすれば、構成刃先は消失しますが、高

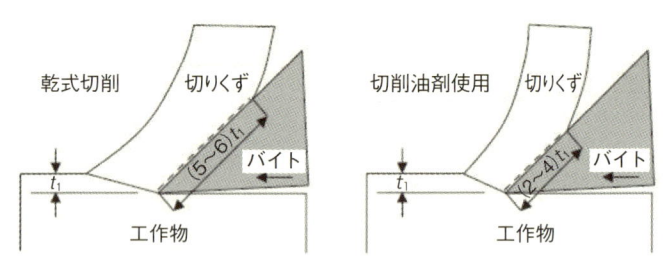

http://www.kyouwa-oil.com/page/index.aspx?p=43&g=28

図 2-16　切りくずと工具すくい面間の接触長さ

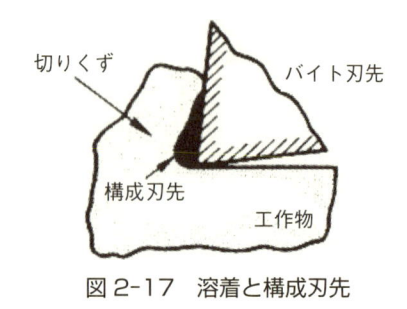

図 2-17　溶着と構成刃先

速度工具鋼製の工具の場合には、切削速度を高くし、切削温度が600℃以上になると、その刃先が軟化してしまいます。そのため、切削工具としての役割が果たせなくなるので、切削速度を高くすることができません。そこで、とくに高速度工具鋼製の切削工具を用いて鋼材を切削するような場合には、良質の切削油剤を供給し、構成刃先の付着を防止することが大切です。

切削時に切削油剤を工作物と切削工具間に供給すると、その極性基が工具すくい面に吸着し、吸着分子膜を形成し（図2-14参照）、構成刃先が付着するのを防止します。これが切削油剤の抗溶着作用で、構成刃先を抑制する働きをします。

（4） 冷却作用

通常の鋼材の切削などにおいては、切削温度が非常に高くなります（図1-26参照＝17ページ）。**図2-18**に鋼材を超硬バイトで切削したときの平均切削温度の測定例を示します[3]。切削速度が200 m/min の場合、すくい面の平均切削温度は約800℃となります。

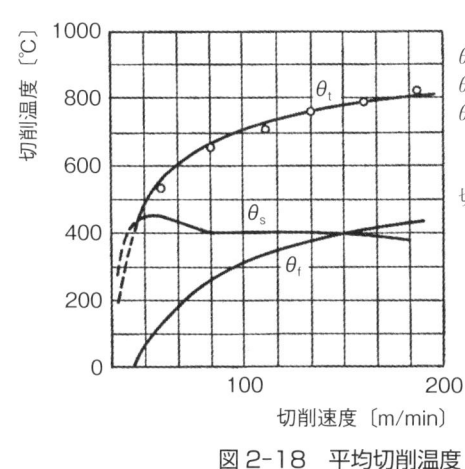

θ_t：平均すくい面温度
θ_s：平均せん断面温度
θ_f：すくい面の摩擦
　　　による温度上昇

切削条件
工作物：NE9445鋼
工具材質：超硬P種
すくい角：0度
切り込み：2.6 mm
送り：0.25 mm

図2-18　平均切削温度

また同様に、S55C 鋼を超硬バイトで切削したときの切削条件と、切削温度の関係を**図 2-19** に示します[4]。図において切削速度を高くし、また送りを大きくすると、切削温度が急激に上昇することが分かります。そして切削速度が 150 m/min で、送りが 0.3 mm/rev になると、切削温度は約 1,000℃ になります。

　このように切削速度が高く、また送りも大きくなると、切削温度が高くなり、その結果、工具摩耗も増大します。一般に超硬バイトを用いた鋼材の切削の場合、切削速度が 150 m/min 以下の場合は逃げ面摩耗が、また 150 m/min を超えるとすくい面摩耗が支配的と言われています。このような条件下において、切削油剤を供給すると、その冷却作用により、切削速度が 150 m/min 以下の低速の場合は、切削温度の低下に伴う機械的摩耗が、また 150 m/min を超える高速の場合は、化学的摩耗が抑制されます（**図 2-20**）。その結果、工具摩耗が低減します。ただし、超硬工具を用いた断続切削などにおいては、切削油剤の冷却作用による熱衝撃で工具摩耗が促進される場合があるので注意する必要があります。

　図 2-21 に研削油剤の冷却作用を示します。鋼材の研削加工の場合、切削加工と比較して、切れ刃すくい角が負であるため、研削といしの切れ味が悪く、研削温度が非常に高くなります。そのため、研削面に研削焼

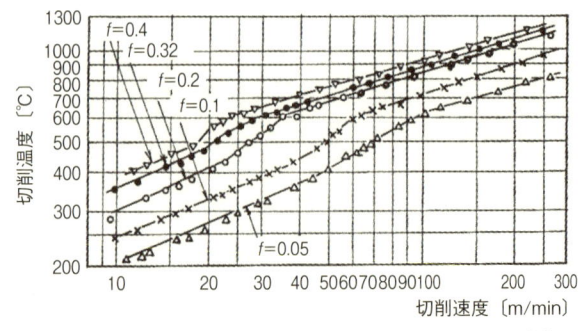

工作物：S55C　工具材種：P10　すくい角：0 度　送り：変化

図 2-19　切削条件と切削温度

けや割れなどの熱的損傷が生じます。研削焼けは研削面に生成される酸化膜の厚さに起因する、テンパーカラーです。そして、酸化膜の生成量は、研削温度と保持時間に依存します。この場合、保持時間（近似的に接触弧の長さ/工作物速度）が一定ならば、研削温度が低いほど、研削焼けが発生しにくくなります。そのため、研削時に冷却作用の大きな研削油剤を用いれば、研削温度が低くなり、研削焼けの発生が防止されます（図1-43 参照＝27ページ）。

また研削温度が高くなると、それとともに工作物の温度も高くなります。そして、工作物の熱膨張による研削精度の悪化を招きます。そのため、冷却作用の大きな研削油剤を供給し、工作物の熱膨張を防止することにより、精度の高い研削が可能になります。

次に切削時の熱の流入割合です。鋼材などの高速切削の場合、切削温度が非常に高くなりますが、図2-22 に示すように、発生した熱の約80％が切りくずに流入します。また近似的に、それぞれ約10％が工作物と切削工具に流入します。鋼材を超硬バイトで切削すると、切りくずにわら色から青色のテンパーカラー（光の干渉色）が観察されるでしょう。こ

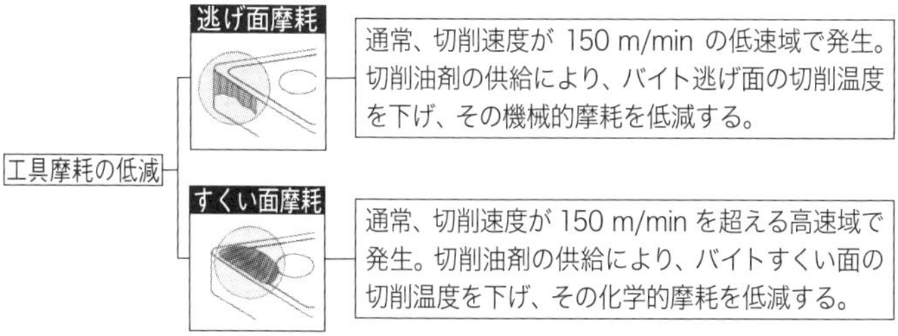

工具摩耗の低減	逃げ面摩耗	通常、切削速度が 150 m/min の低速域で発生。切削油剤の供給により、バイト逃げ面の切削温度を下げ、その機械的摩耗を低減する。
	すくい面摩耗	通常、切削速度が 150 m/min を超える高速域で発生。切削油剤の供給により、バイトすくい面の切削温度を下げ、その化学的摩耗を低減する。

図2-20　切削油剤の冷却作用

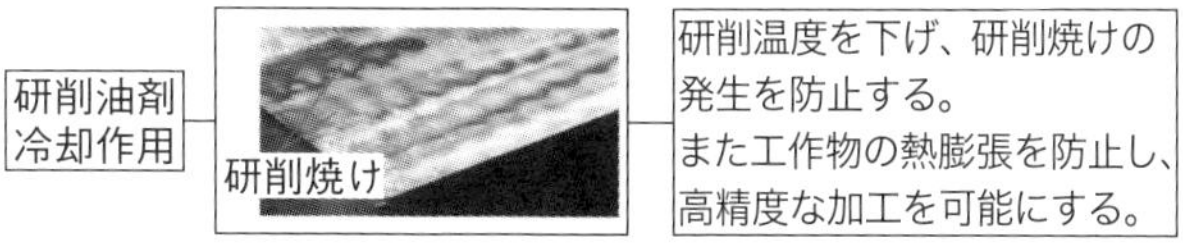

研削油剤冷却作用	研削焼け	研削温度を下げ、研削焼けの発生を防止する。また工作物の熱膨張を防止し、高精度な加工を可能にする。

図2-21　研削油剤と研削焼けの発生

れは切りくずが加熱されて、その表面に酸化膜が形成されるためです。そして、その酸化膜の厚さが薄い場合はわら色（赤外線側）に、また厚くなると青色（紫外線側）になります。そのため、切りくずの色を観察すれば、切削温度が高いか否か、あるいは切削工具の切れ味の善し悪しが識別できます。

　このように、高温に加熱された切りくずは大変危険です。誤って切りくずに手などの身体が触れると火傷をします。また高温に加熱された切りくずが工作機械に堆積されると、その部分的な加熱により、熱変形を生じ、加工精度に影響します。そのため、冷却作用の大きな切削油剤を用いて、切りくずを冷却し、火傷の発生を防止するとともに、工作機械の熱変形を抑制することが重要になります。

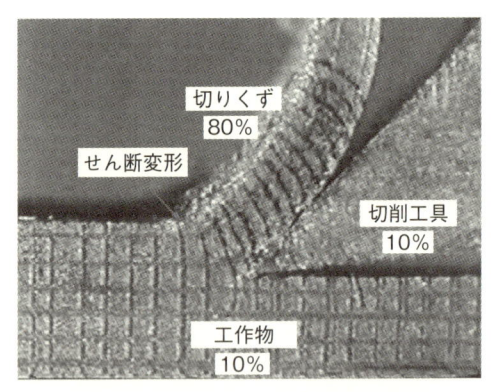

図2-22　鋼材切削時の熱の流入割合

――― 一口メモ　　切りくずの観察 ―――

　バイト（切削工具）の切れ味がよいときは、切削温度が低く、鋼材切削時の切りくずの色は、わら色または紫色となります。切れ味が悪くなり、切削温度が高くなると、その色は濃い青色となります。切りくずの色で、バイトの切れ味がわかります。

（5） 防錆作用

切削や研削加工した工作物の新生面は非常に活性で、さびや変色が生じやすいという特性があります[35]。また、最近はとくに環境問題との関連で、水溶性の切削油剤が切削加工に多く使われるようになっています。そのため、工作物とともに工作機械の摺動面などもさびやすくなっています。このような不都合をなくすために、切削・研削油剤の防錆作用がとくに重要になります。

切削や研削加工時には、図2-23 に示すように、切削油剤の極性基（図2-14参照）が工作物や工作機械の表面に吸着し、保護膜を形成します。そして空気や水との接触を防止し、さびや変色の発生を防いでいます。これが切削油剤の防錆作用です。

（6） 洗浄作用

立形フライス盤などを用いて、鋼材をエンドミル加工すると、切りくずがそのエンドミルの周辺に堆積します（図1-36参照＝23ページ）。そして加工硬化した切りくずを再度、エンドミルが挟み込むことにより、その刃先を破損することがあります。この場合、図2-24 に示すように、洗浄作用の大きな切削油剤を供給し、加工硬化した切りくずを切削工具周辺から洗い流すことにより、工具の損傷を低減します。

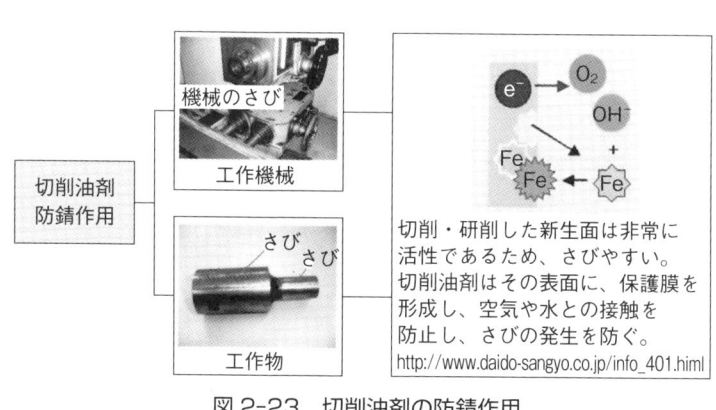

図 2-23　切削油剤の防錆作用

そして研削加工の場合には、加工時に目づまりを生じます（図1-56参照＝34ページ）。そのため研削時には、研削油剤を研削点近傍に供給し、といし作業面に付着した切りくずを洗い流し、目づまりの発生を防止します。

また、といしカバーに付着して、切りくずや脱落と粒は研削時のスクラッチの原因になります（**図2-25**）。そのため、このようなといしの目づまりやといしカバーへの切りくず・脱落と粒などの付着を防止するために、研削油剤の洗浄作用は非常に大切です。

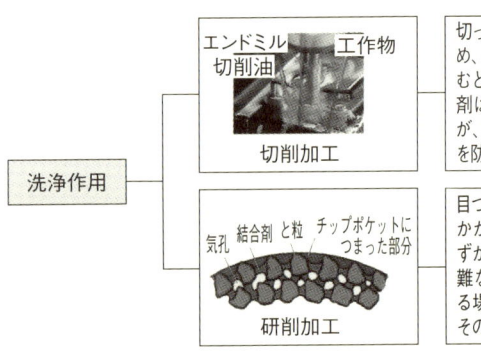

図2-24　切削・研削油剤の洗浄作用

図2-25　研削油剤と洗浄作用

第3章

切削油剤の種類と特性

　一口に切削油剤といっても、多くの種類があります。切削油剤には不水溶性油剤や水溶性のものがあり、また水溶性のものには、牛乳のようなエマルション、石けん液のようなソリューブルそして水のようなソリューションがあります。そして、それらにはそれぞれ特徴があります。ここでは、これら切削油剤を構成する成分とその内容をやさしく解説しています。

3-1 • JIS による切削油剤の分類

　一口に、切削油剤といっても多くの種類があります（**図 3-1**）。**図 3-2** は JIS 規格による切削油剤の分類です。切削油剤を大別すると、不水溶性切削油剤と水溶性切削油剤になります。また不水溶性のものは、油性形、不活性極圧形および活性極圧形に分けられます。そして水溶性のものは、エマルション、ソリューブルおよびソリューションとなります。このように切削油剤には多くの種類があり、それぞれ特徴があるので、使用に際しては、よくその特性を理解しておくことが大切です。

　　　　　　　　　　　一口に切削油剤というが
　　　　　　　　　　　多くの種類があるんだよ！

図 3-1　切削油剤の種類は？

```
                    ┌─ 油性形          N1 種
          ┌─ 不水溶性 ┼─ 不活性極圧形  N2・N3 種
          │          └─ 活性極圧形      N4 種
切削油剤 ─┤
          │          ┌─ エマルション    A1 種
          └─ 水溶性 ─┼─ ソリューブル    A2 種
                     └─ ソリューション  A3 種
```

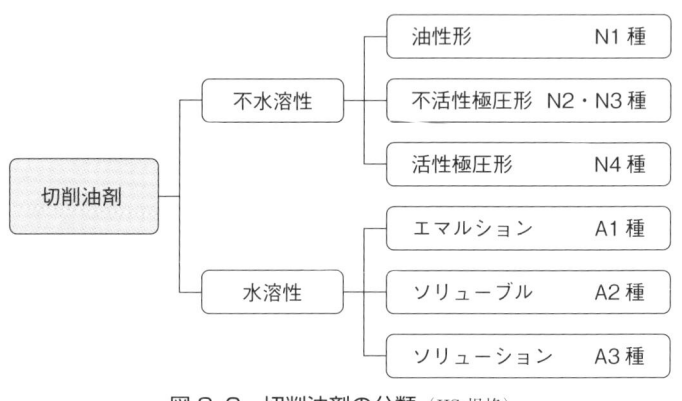

図 3-2　切削油剤の分類（JIS 規格）

3-2 ● 不水溶性切削油剤

（1） 不水溶性切削油剤の JIS による分類

図 3-3 が代表的な不水溶性切削油剤です。この不水溶性切削油剤は、JIS 規格で分類されており、図 3-4 に示すように極性形（N1 種）、不活性極圧形（N2 種）、不活性極圧形（N3 種）および活性極圧形（N4 種）となっており、それぞれその内容が定められています。

図 3-3　不水溶性切削油剤の例

不水溶性切削油剤		
	油性形 N1 種	鉱油および脂肪油からなり、極圧添加剤を含まないもの。
	不活性極圧形 N2 種	N1 種の成分を主成分とし、極圧添加剤を含むもの（銅板腐食が 150℃で 2 未満のもの）。
	不活性極圧形 N3 種	N1 種の成分を主成分とし、極圧添加剤を含むもの（硫黄系極圧添加剤を必須とし、銅板腐食が 100℃で 2 以下、150℃で 2 以上のもの）。
	活性極圧形 N4 種	N1 種の成分を主成分とし、極圧添加剤を含むもの（硫黄系極圧添加剤を必須とし、銅板腐食が 100℃で 3 以上のもの）。

図 3-4　不水溶性切削油剤の種類（JIS 規格）

（2） 不水溶性切削油剤と添加物

この不水溶性油剤は図3-5のようなモデルで示され、鉱油と油脂のなかに、各種添加剤が加えられたものです。そして、この切削油剤は、基油、油性剤、極圧剤およびそのほかの添加剤で構成されています（図3-6）[36]。また、基油は切削油剤の元になるオイルで、図3-7に示すように、鉱油、合成油および脂肪酸から成っています。

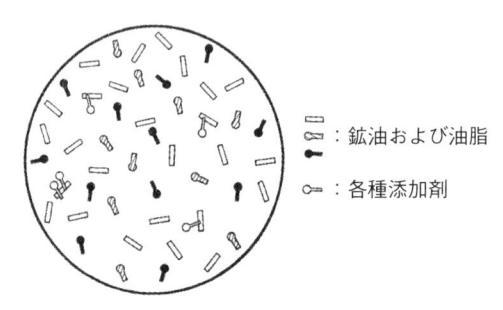

図3-5 不水溶性切削油剤のモデル（竹山）

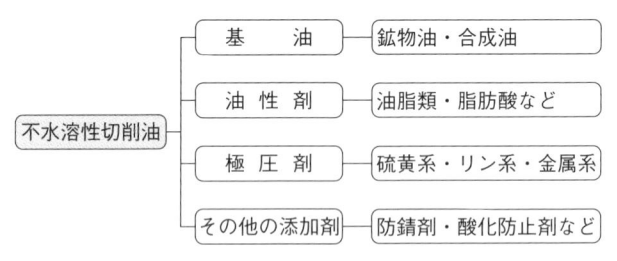

図3-6 不水溶性切削油剤の組成（ユシロ化学工業）

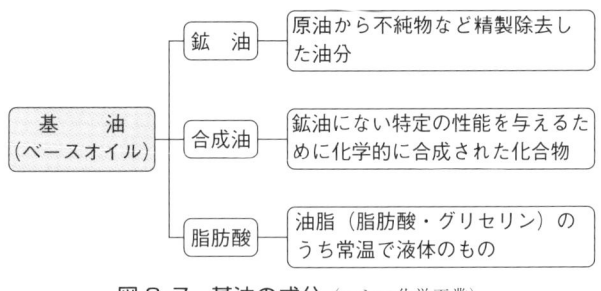

- 不水溶性切削油
  - 基油 — 鉱物油・合成油
  - 油性剤 — 油脂類・脂肪酸など
  - 極圧剤 — 硫黄系・リン系・金属系
  - その他の添加剤 — 防錆剤・酸化防止剤など

図3-7 基油の成分（ユシロ化学工業）

- 基油（ベースオイル）
  - 鉱油 — 原油から不純物など精製除去した油分
  - 合成油 — 鉱油にない特定の性能を与えるために化学的に合成された化合物
  - 脂肪酸 — 油脂（脂肪酸・グリセリン）のうち常温で液体のもの

次に各種添加剤ですが、その効果を図3-8にまとめておきます[36]。油性剤は、低荷重下において、金属表面（切削工具のすくい面など）に吸着し、強固な吸着膜を形成します。そして金属同士の接触を防止することにより、摩擦や摩耗を低減します。そのため、この油性剤は潤滑性向上剤とも言われています。

また、極圧剤は極圧添加剤（図3-9）とも言われ、JIS規格では、切削時に摩擦局部の焼付き抑制、切削性の向上を図るために基油に添加する物質と定義されています。この極圧添加剤は、油性剤が効きにくい高温・高圧下において、切削工具の表面に潤滑被膜を形成することにより、摩擦・摩耗を低減し、焼き付きを防止する働きをします。

その他、不水溶性切削油剤には、酸化を防止する酸化防止剤、さびの発生を防止するさび止め剤、金属腐食を防止する腐食防止剤、油剤のミ

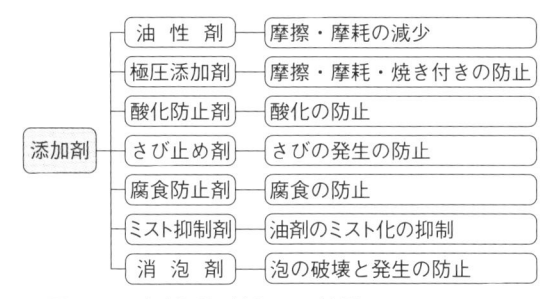

添加剤		
	油性剤	摩擦・摩耗の減少
	極圧添加剤	摩擦・摩耗・焼き付きの防止
	酸化防止剤	酸化の防止
	さび止め剤	さびの発生の防止
	腐食防止剤	腐食の防止
	ミスト抑制剤	油剤のミスト化の抑制
	消泡剤	泡の破壊と発生の防止

図3-8　各種添加剤とその効果（ユシロ化学工業）

図3-9　極圧添加剤とは

スト化を抑制するミスト抑制剤、および泡の破壊と発生を防止する消泡剤などが添加されています。

（3） 不水溶性切削油剤の種類と組成

不水溶性切削油剤の種類とその組成を**表3-1**に示します。混成油および極圧油のすべてにおいて、鉱油がベース（混成油：60～97％、極圧油：30～95％）となっており、脂肪酸（混成油：0～40％、極圧油：0～20％）や極圧剤（極圧油：1～20％）などが添加されています。また、それらの成分は**表3-2**のとおりです[36]。

表 3-1　不水溶性切削油剤の組成 (ユシロ化学工業)

成分＼種類	混成油 （極圧剤非含有 N1種）	極圧油	
		不活性タイプ N2種、N3種	活性タイプ N4種
鉱油	60～97%	30～95%	30～95%
脂肪油	0～40	0～20	0～20
極圧剤	—	1～20	1～20
酸化防止剤	1以下	1以下	1以下
防錆剤	0～3	0～3	0～3
消泡剤	1以下	1以下	1以下
非鉄金属添加剤	1以下	1以下	1以下
ミスト抑制剤	1以下	1以下	1以下

表 3-2　不水溶性切削油剤の成分 (ユシロ化学工業)

鉱油	灯油、スピンドル油、マシン油、ニュートラルオイル
脂肪油	植物油（菜種油、大豆油など）、合成エステルなど
極圧剤	ポリスルフィド、硫化脂肪油など
その他の潤滑添加剤	過塩基性カルシウムスルホネート、ZnDTPなど
酸化防止剤	2,6-ジ-t-ブチル-4-メチルフェノールなど
防錆剤	ポリオールエステルなど
消泡剤	ジメチルポリシロキサンなど
非鉄金属防食剤	ベンゾトリアゾールなど
ミスト抑制剤	オレフィンコポリマーなど

3-3 水溶性切削油剤

（1） 水と油の混合

図3-10に示すように、フラスコに水と油を入れてかくはんしたら、それらは均一に混ざるでしょうか[37]。一時的には、混ざったように見えますが、時間が経過すると、元の水と油に分かれてしまうでしょう。どうしたら均一に混ざるでしょうか。このような場合に用いるのが界面活性剤です。

みなさんの洋服が油で汚れたら、洗剤で洗濯するでしょう。このような石けんや洗剤は、界面活性剤によって、汚れを落とす洗浄剤の働きをしています。すなわち、界面活性剤は、油と水を結びつける役割を果たしているのです（図3-11）。そして界面活性剤の働きにより、水と油を

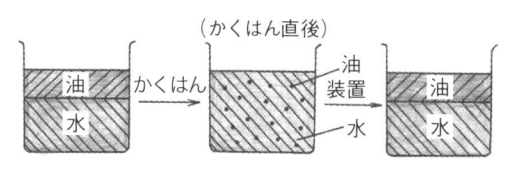

図3-10　油と水はどうしたら混ざるの？

図3-11　界面活性剤とは

混合することができるのです。

（2） 界面活性剤

では、界面活性剤とは何でしょうか。JIS規格では、この界面活性剤を、「水に不溶の液体を乳化したり、粉末・固体を水中に分散させたり、繊維や金属の汚れを洗浄したりする作用などを営む合成物質」と定義しています。

この界面活性剤をモデル化すると**図3-12**のようになります。親水基は水に、また親油基は油になじみやすい性質をもっています。また、親油基は疎水基（水になじみにくい）でもあります。そして、界面活性剤を水に溶かすと、疎水基は水を嫌うため、その疎水基同士が集まり始めます。そして、ある濃度（臨界ミセル濃度）以上で、親水基を外側に、また親油基（疎水基）を内側にして、**図3-13**に示すような集団を作ります。この集団はミセルと呼ばれています[38]。

ミセルの内側は親油基です。そのため、水に溶けにくい小さな油性物質があると、親油基がその周りを取り囲み、その小さな油性物質をミセルの内部に取り込みます。この場合、油性物質は小さいので、水は透明な状態になります。この現象は可溶化と呼ばれています。

また、油性物質が大きな場合は、同様に親油基がその周りを取り囲み、親水基を外側に向けた集団を作ります。そして、親水基は水になじみやすいので、この場合は、油性物質と水が均一に混じった状態になります。しかしながら油性物質の粒子径が大きいので、水は白濁します。この白濁状態が乳化（エマルション）です。このような可溶化現象や白濁状態は家庭でも見られます。その例を**図3-14**に示します。石けん液と牛乳

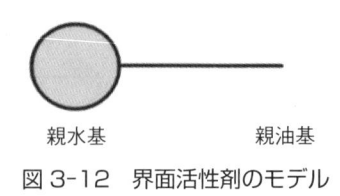

図3-12　界面活性剤のモデル

ミセル	親水基	界面活性剤を水に溶かすと、ある濃度（臨界ミセル濃度）以上で、親水基を外側に、また親油基を内側にして集団を作る。これをミセルという。
可溶化	親水基 油	ミセルの中心部は疎水基（親油基）なので、水に溶けにくい油性物質をその内部に取り込むことができる。この現象を可溶化と呼ぶ。
乳化	親水基 油	水と油は溶け合わないが、界面活性剤を加えると、その親油基が油の粒子を取り囲み、親水基を外側に向けた状態になる。親水基は水になじみやすいので、水と油が均一に混じった状態になるが、この状態を乳化（エマルション）と呼ぶ。

図3-13 ミセル・可溶化・乳化とは

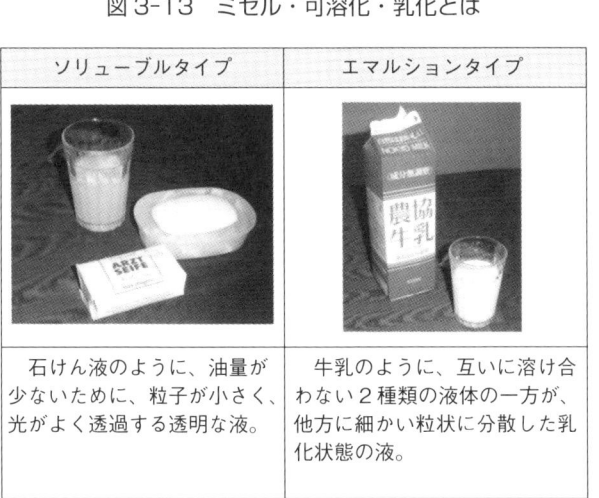

ソリューブルタイプ	エマルションタイプ
石けん液のように、油量が少ないために、粒子が小さく、光がよく透過する透明な液。	牛乳のように、互いに溶け合わない2種類の液体の一方が、他方に細かい粒状に分散した乳化状態の液。

図3-14 家庭で見られるソリューブル・エマルションオイル

です。石けん液は半透明で、牛乳は白濁しています。
　以上述べたように、界面活性剤は、油性物質の可溶化、乳化および分散などのような重要な働きをしているのです。

（3） HLB 値

このような界面活性剤の水と油（水に不溶性の有機化合物）への親和性の程度を表す値にHLB値があり、これはHydrophile-Lipophile Balanceの頭文字をとったものす。このHLB値は、0から20までの数値で示され、0に近いほど親油性が高く、また20に近いほど親水性が高くなります。

図3-15に可溶化、乳化および洗浄などの作用とHLB値の範囲を示します[37]。またHLB値とその性質・用途との関係を**表3-3**に示します[39]。これらの関係より、HLB値が高いと、可溶化、洗浄および乳化作用が大きくなることが分かります。

また乳化（エマルション）にも、w/o型とo/w型とがあります（**図3-16**）[37]。牛乳のように、水の中に細かい油の粒子が分散しているものが水中油滴型（o/w型）で、バターやマーガリンのように油の中に水が分散しているものが油中水滴型（w/o型）です（**表3-4**）。水中油滴型はHLB値が大きな場合に、また油中水滴形はその値が小さい場合に生じます[37]。

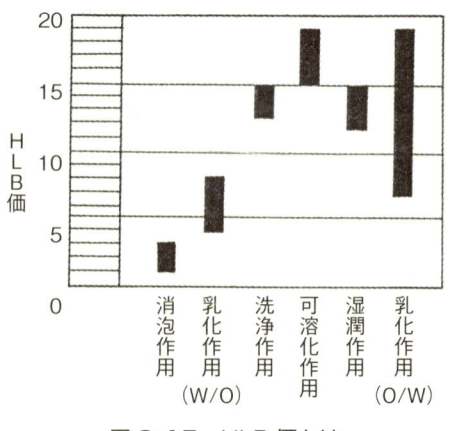

図3-15　HLB価とは

表 3-3　HLB 価とその性質・特徴

HLB 価	性質と用途
1〜3 程度	水にほとんど分散せず、消泡剤として使用される。
3〜6 程度	一部が水に分散し、w/o 型エマルションの乳化剤として使用される。
6〜8 程度	よく混合することによって水に分散して乳濁液となり、w/o 型エマルションの乳化剤、湿潤剤として使用される。
8〜10 程度	水に安定に分散して乳濁液となり、湿潤剤や o/w 型エマルションの乳化剤として使用される。
10〜13 程度	水に半透明に溶解し、o/w 型エマルションの乳化剤として使用される。
13〜16 程度	水に透明に溶解し、o/w 型エマルションの乳化剤、洗浄剤として使用される。
16〜19 程度	水に透明に溶解し、可溶化剤として使用される。

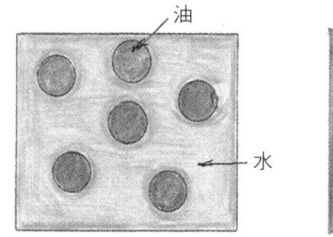

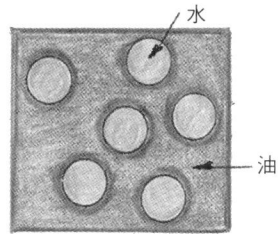

図 3-16　親水系と親油性エマルションのモデル

表 3-4　親水系・親油性エマルションの特徴

種類	特徴
親水性エマルション （o/w 型エマルション）	水中油滴型ともいわれ、水相系の中に油系が細粒となって均一に分散しているものをいう。乳化剤の HLB 値が大きいとこのタイプのエマルションになりやすい。
親油性エマルション （w/o 型エマルション）	油中水滴型ともいわれ、油相系の中に水系が細粒となって均一に分散しているものをいう。乳化剤の HLB 値が小さいとこのタイプのエマルションとなりやすい。

（4） JIS による水溶性切削油剤の分類

図 3-17 に、JIS 規格で定められた水溶性切削油剤の種類を示します。水溶性の切削油剤は、A1 種（エマルション）、A2 種（ソリューブル）および A3 種（ソリューション）に区分けされています。また、それらの組成と機能を**表 3-5** に示します。

エマルション形は、**図 3-18** のモデルで示され、水、油および界面活性剤からなり、油の粒子が大きい（粒子径：約 $2 \sim 5 \mu m$）のが特徴です。またソリューブル形は、水、油、界面活性剤、水溶性添加剤および溶解物質からなり、エマルションと比較し、油の粒子が小さく（粒子径：約 $0.2 \sim 0.001 \mu m$）なっています（**図 3-19**）。そしてソリューション形は、油を全く含まず、水と溶解物質よりなり、その粒子径が非常に小さい（$0.001 \mu m$ 以下）のが特徴です（**図 3-20**）。

（5） 水溶性切削油剤の一般的分類

最近はいろいろな切削油剤が開発され、その分類が必ずしも JIS 規格とは一致しない場合が生じています。そこで、ここでは通称で呼ばれているものを一般的な分類とすることにします。

図 3-21 に水溶性切削油剤の一般的分類を示します[40]。一般的分類では、水溶性切削油剤は、エマルションタイプ、マイクロエマルションタ

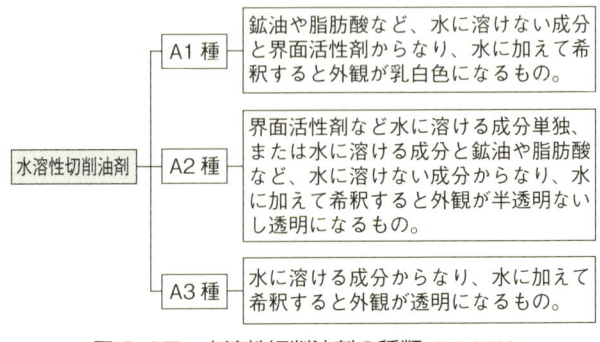

水溶性切削油剤		
	A1 種	鉱油や脂肪酸など、水に溶けない成分と界面活性剤からなり、水に加えて希釈すると外観が乳白色になるもの。
	A2 種	界面活性剤など水に溶ける成分単独、または水に溶ける成分と鉱油や脂肪酸など、水に溶けない成分からなり、水に加えて希釈すると外観が半透明ないし透明になるもの。
	A3 種	水に溶ける成分からなり、水に加えて希釈すると外観が透明になるもの。

図 3-17　水溶性切削油剤の種類（JIS 規格）

表 3-5 水溶性切削油剤の種類と性状 (JIS 規格)

種類		外観	表面張力	pH	乳化安定度 [ml] (室温、24h)				不揮発分質量[%]	全硫黄分質量[%]	泡立試験 [ml] 24±2℃	金属腐食 (室温、48hr)
					水		硬水					
					油層	クリーム層	油層	クリーム層				
A1種	1号	乳白色	—	8.5 以上 10.5 未満	こん跡	2.5 以下	2.5 以下	2.5 以下	80 以上	5 以下	1 以下	変色がないこと(鋼板)
	2号			8.0 以上 10.5 未満								変色がないこと(アルミニウム板および鋼板)
A2種	1号	半透明ないし透明	40 未満	8.5 以上 10.5 未満					30 以上			変色がないこと(鋼板)
	2号			8.0 以上 10.5 未満								変色がないこと(アルミニウム板および鋼板)
A3種	1号	透明	40 以上	8.5 以上 10.5 未満								変色がないこと(鋼板)
	2号			8.0 以上 10.5 未満								変色がないこと(アルミニウム板および鋼板)
試験方法		JISK2241	JISZ8802		JIS:K2241				JISK2241	JISK2541	JISK2241	JISK2241

備考 1. A1種〜A3種のいずれも塩素系極圧添加剤および亜硝酸塩を使用しない。
　　 2. 不揮発分および全硫黄分は原液における性状を既定し、それ以外の項目は室温20から30℃においてA1種は基準希釈倍率10倍の水溶液、A2種およびA3種は30倍の水溶液の性状を既定したものである。

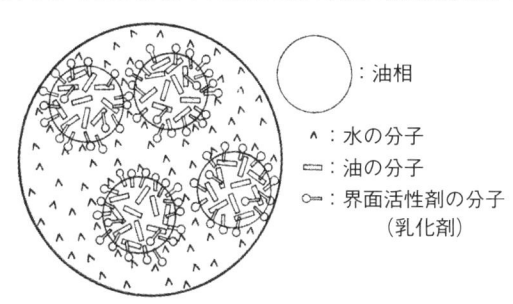

図 3-18 エマルション形モデル (竹山)

○：油相
∧：水の分子
＝：油の分子
○—：界面活性剤の分子（乳化剤）

―― 一口メモ　　マイクロエマルション ――

エマルションタイプの切削油剤のうち、粒子が小さく、水に溶かすと、わずかに透明感のあるもの。

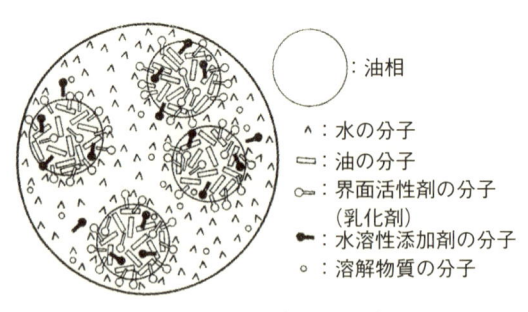

図 3-19　ソリューブル形モデル（竹山）

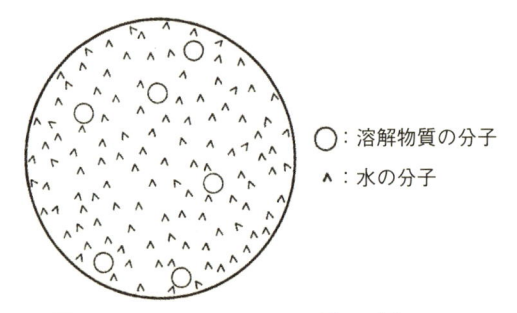

凡例：
- ：油相
- ∧：水の分子
- ▭：油の分子
- ◦—：界面活性剤の分子（乳化剤）
- ●—：水溶性添加剤の分子
- ○：溶解物質の分子

図 3-20　ソリューション形モデル（竹山）

凡例：
- ○：溶解物質の分子
- ∧：水の分子

JIS 分類	通　称
A1 種	エマルションタイプ
	（マイクロエマルションタイプ）
A2 種	ソリューブルタイプ
A3 種	ケミカルソリューションタイプ

図 3-21　水溶性切削油剤の一般的分類（ケミック）

イプ、ソリューブルタイプ、およびケミカルソリューションタイプに分類されています。この分類におけるマイクロエマルションタイプは、油の粒子が非常に小さいもので、エマルションタイプの一種と見なせます。このように、一般的な水溶性切削油剤の分類は、必ずしも JIS によるも

のとは一致せず、またメーカーによっても多少の差異があります。

表3-6表に水溶性切削油剤の通称とその概要を示します。エマルションタイプのものは、水に溶かすと乳白色となり、鉱油や極圧添加剤の含有量が多いので、潤滑性が高いのが特徴です。そのため、一般に切削加工に用いられます。また油の粒子が小さく、わずかに透明感のあるものをマイクロエマルションと呼ぶ場合もあります。

ソリューブルタイプのものは、水に溶かすと透明から半透明になり、エマルションタイプのものと比較し、潤滑性は劣りますが、冷却性が高くなるので、切削加工と研削加工の両方に用いられています。

ケミカルソリューションタイプのものは、油を全く含まないので、水に溶かすと透明になります。通常、緑などに着色されているものが多く、主に研削加工に用いられます[40]。

そして、シンセティックタイプとバイオスタティック（抗菌性）タイプのものは、切削油剤の種類に対する分類というよりも、成分や性能による分類と言えます。すなわち、シンセティックタイプの油剤は、化学合成したという意味で、合成潤滑剤を主成分としたものです。また、バイオスタティックタイプの油剤は、防腐剤を添加せずに、バクテリアの繁殖を抑え、防腐性を高くしたものを言います。

表3-6 水溶性切削油剤の概略（ケミック）

通　称	概　略
エマルションタイプ	水に溶かすと乳白色になり、主に切削加工に用いる。エマルション粒子が小さくわずかに透明感が感じられるものを、マイクロエマルションと呼ぶ場合もある。
ソリューブルタイプ	水に溶かすと透明から半透明になり、切削加工と研削加工の両方に用いる。緑などに着色している場合も多い。
ケミカルソリューションタイプ	水に溶かすと透明になり、主に研削加工に用いる。緑などに着色している場合も多い。
（シンセティックタイプ）	合成の油性剤を潤滑剤として用い、液劣化が少ない。
（バイオスタティックタイプ）	成分の配合方法により、使用液がバクテリアの影響を受けにくい。

（　）切削油剤の種類に対する分類というよりも、成分や、性能による分類。

（6） 水溶性切削油剤の種類と特徴

表3-7に水溶性切削油剤の種類とその特徴を示します。エマルションタイプの油剤は潤滑性が高いので、低速・重切削に効果を発揮します。また、ソリューブルタイプのものは、浸透性が高く、高速・軽切削で効果を発揮します。そして、ケミカルソリューションタイプのものは、防錆力が大きく、バイオスタティックの油剤でなくても、腐敗しにくいのが特徴です[40]。

（7） 水溶性切削油剤の組成とその作用

水溶性切削油剤には、表3-8に示すように、鉱油（ベースオイル）、油性剤、極圧添加剤、界面活性剤、防錆剤およびその他の添加剤が、その種類に対応して、それぞれの割合で添加されています[5]。鉱油や極圧添加剤の含有量が最も多いのがエマルションタイプの油剤で、潤滑性が最も高くなっています。また、ソリューションタイプのものは鉱油や極圧添加剤を全く含まず、水の割合が非常に高くなっています。そのため、潤滑性という点ではエマルションタイプが、また冷却性という点ではソリューションが優れていると言えます。

表 3-7　水溶性切削油剤の種類と特徴 （ケミック）

通　称	特　徴
エマルションタイプ	潤滑性が大きく、低速重切削に効果を発揮する。 塗装に対する影響は比較的少ない。手荒れの頻度も一般的に少ない。
ソリューブルタイプ	浸透性が大きく、高速軽切削で効果を発揮する。 種類によっては塗装に対する影響の強いものもある。
ケミカルソリューションタイプ	防錆力が強く。バイオスタティックでなくても腐敗は比較的少ない。 種類によっては塗装や手荒れに対する影響がやや強いものもある。
シンセティックタイプ	加工熱の影響を受ける部分で潤滑膜を形成。高速加工で特に効果を発揮。
バイオスタティックタイプ	使用液が腐敗しにくい。

また、水溶性切削油剤の成分とその効果を**表3-9**に示します[40]。ベースオイル（基油）は、潤滑や各成分の溶媒としての作用を、また油性剤は金属面に吸着し、強い油膜潤滑の働きをします。極圧添加剤は、前述のように、高温・高圧下における摩擦・摩耗の低減と焼き付きの防止の作用をします。そして界面活性剤は、被乳化剤の可溶化の働きをし、また防錆剤はさびの発生を防止し、pHを維持する作用をします。このpHのpはpower（累乗）の頭文字で、Hは水素の原子記号です。そしてpHは水溶液の水素イオン濃度を示す指数で、酸性かアルカリ性かを示す数字です（**図3-22**）。pHの値が0に近づくほど酸性が高く、また14に近

表3-8 水溶性切削油剤の組成と機能

項目/種類（JIS分類）機能	成分	エマルション（A1種）	ソリューブル（A2種）	ソリューション（A3種）
潤滑性	鉱油（合成油）[*]	50〜80(5〜30)%	0〜30(5〜30)%	(5〜30%)
	脂肪油・脂肪酸	0〜30	0〜30	0〜20
	極圧添加剤	0〜30	0〜20	—
乳化・可溶性・浸透性	界面活性剤	10〜40	5〜20	0〜5
さび止め性	有機インヒビタ	0〜5	5〜10	0〜20
	無機インヒビタ	0〜5	0〜10	0〜20
	非鉄金属防食剤	1以下	1以下	1以下
さび止め・耐腐敗性	アルカリ性物質（有機・無機）	0〜10	10〜40	0〜20
耐腐敗性	防腐剤	1以下	1以下	1以下
消泡性	消泡剤	1以下	1以下	1以下
その他	水	0〜10	5〜40	20〜50
適用加工例		非鉄、鋳鉄、鋼の切削・研削加工（極圧剤含有品は重切削加工）	非鉄、鋳鉄の切削加工 鋼の切削・研削加工	鋼の研削加工

[*] シンセティック形切削油剤の場合は、鉱油の代わりに（ ）内に示す量の合成油が使用される。

表3-9 水溶性切削油剤の成分とその効果 (ケミック)

分類	成分	効果
ベースオイル	マシン油など	潤滑、各成分の溶媒
油性剤	植物油、エステル油、ポリエーテルなど	油膜潤滑（工具の逃げ面やすくい面での潤滑）
極圧添加剤	塩素化パラフィン、硫化油脂など	極圧潤滑（構成刃先の抑制）
界面活性剤	イオン系、非イオン系	被乳化剤を水に溶けるようにする
防錆剤	有機系、無機系、アルカリ剤	防錆、pHの維持
その他添加剤	防腐剤、消泡剤、銅合金腐食防止剤	
水		各成分の溶媒

```
 pH1           pH7           pH14
  |-------------|-------------|
  強   酸性   中性  アルカリ性  強
```

図3-22 pHと酸性・アルカリ性

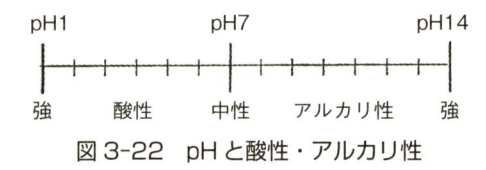

表3-10 各種防錆剤とその特徴 (ケミック)

無機系防錆剤	電気化学的な腐食抑制効果を発揮する（不動態化）。
有機系防錆剤	金属表面に吸着し、保護皮膜を形成する。
アルカリ剤	穏やかなアルカリに保つため有機アミンが使用される。

づくほどアルカリ性が高くなります。

　表3-10に水溶性切削油剤に添加される防錆剤とその特徴を示します[40]。防錆剤は無機系と有機系とに大別されます。無機系の防錆剤は、不動態（金属表面に腐食作用に抵抗する酸化被膜が生じた状態）化により、電気化学的な腐食抑制作用をします。また有機系のものは、金属表面に吸着し、保護被膜を形成することにより、さびの発生を防止します。そして、アルカリ剤は防錆剤が効果を発揮するために添加されるものです。

表 3-11　水溶性切削油剤の一次・二次性能（ケミック）

一次性能 ↕ 二次性能		
	潤滑性	切りくずを滑らかに排出し、刃先を守り、仕上げ面精度を安定させる働き
	極圧性	刃先での工作物の溶着を防ぎ、正常切削を続ける性能
	浸透性	加工点に入り込み、油剤の性能を十分に発揮ささせる性能
	洗浄性	切りくずをすばやく排出させる性能、また機械をきれいに保つ性能もいう
	冷却性	加工熱による工作物の膨張を防ぎ、寸法精度を安定させる性能
	防錆性	機械や工作物を錆や腐食から守る性能
	切くずの沈降性	切りくずや研削くずの沈降する速度
	安定性	使用液が分離したり、反応性生成物を作らない性能
	消泡性	泡立ちによるオーバーフローや、冷却性の低下を防ぐ性能
	べたつきのなさ	機械まわりのべたつきや、加工後の工作物の付着を防ぐ性能
	低刺激性	手荒れなどの皮膚障害、のどや目に対する刺激を起こさせない性能

（8）　水溶性切削油剤の性能

　水溶性切削油剤には、A1種、A2種、およびA3種があり、それぞれ組成や特性が異なります（表3-8参照）。そこで水溶性切削油剤の性能とその内容をまとめると、**表3-11**のようになります[40]。水溶性の切削油剤に求められる性能には、切削性能に直接かかわるもの（一次性能）と、作業環境や人体への影響にかかわるもの（二次性能）とがあります。

　油剤の一次性能には、潤滑性、極圧性、浸透性、洗浄性、冷却性および防錆性が要求されます。またその二次性能には、切りくずの沈降性、安定性、消泡性、べたつきのなさ、および低刺激性が必要とされます。

　作業にあたっては、これら水溶性切削油剤の性能をよく理解して、潤滑性を重視するのか、あるいは冷却性を重視するのかなど、その使用目的に合致したものを選択することが大切です。

（9） 水溶性切削油剤の性状

エマルション、ソリューブルおよびソリューションタイプの油剤（希釈液）の特性値を調べると、**表3-12**のようになります。また、その特性値の説明を**表3-13**に示します[40]。

前述のように、pHは酸性かアルカリ性かを示す数字で、水溶性の切削油剤の場合には、その防錆力を維持するために、すべてアルカリ性（pH：8～10）に保たれています。もしpHの値が小さいと、腐敗しやすく、また腐敗が生じると、pHも低下します。

表面張力は、前述のように、切削油剤の浸透性にかかわる特性です。表面張力が小さいほど、浸透性が高く、また洗浄力も大きくなります。

また耐圧荷重は、摩擦試験機（この場合は曽田式四球試験機）により測定され、硬球に焼き付きが発生しない最大の荷重を示します。そして、この数値が大きいほど、潤滑性が高くなります。

表3-12　水溶性切削油剤の特性値（ケミック）

	エマルション	ソリューブル	ケミカルソリューション
pH	8～10		
表面張力	30～40	30～40	50～70
耐圧荷重	6～12	6～12	1～3

表3-13　水溶性切削油剤特性項目の説明（ケミック）

pH	水溶液の酸、アルカリを示す数字のこと。0に近づくほど酸性が強く、14に近づくほどアルカリが強いことを示す。水溶性切削油剤は防錆力を保つため、ほとんど全てアルカリに保たれている。pHが低くなると腐敗しやすくなる（また、腐敗の結果、pHが低下する）。
表面張力	液体の空気に対する界面張力を指す。数値が低いほど浸透力、洗浄力に優れているといえる。水は約70である（単位：dyn/cm）。
耐圧荷重	摩擦試験機により鋼球が焼きつくまでの荷重を測る。数値が高くなるほど潤滑性が強いといえる。（単位：kg/cm^2〈曽田式四球摩擦試験機使用　750 r.p.m〉）。

※数値と効果の関係はあくまでも目安である。

第4章

切削油剤の選択

　切削工具の切れ味を良くする切削油剤の潤滑性を重視するのか、あるいは高能率加工時の温度上昇を低減するための冷却性を重視するのかによって、油剤の選択の仕方が異なります。また、加工方法や工作物の材質などによってもその選択の仕方が違います。ここでは、切削・研削作業を上手に行うための切削・研削油剤の選択方法についてやさしく解説しています。

4-1 ● 切削加工と切削油剤

　切削作業を上手に行うには、その目的に合った切削油剤を選択することが大切です（**図 4-1**）。切削時における切削油剤の作用については、切削特性との関連において述べましたが、ここでは切削油剤の選択の仕方を、その目的との関連においてまとめておきます。
　切削時における切削油剤の作用とその効果を**図 4-2** に、また切削油剤を供給する目的とその作用を**表 4-1** にまとめてあります[6]。切削作業時には、これらのことをよく理解して、潤滑性を重視するのか、あるいは

図 4-1　切削油剤の選択

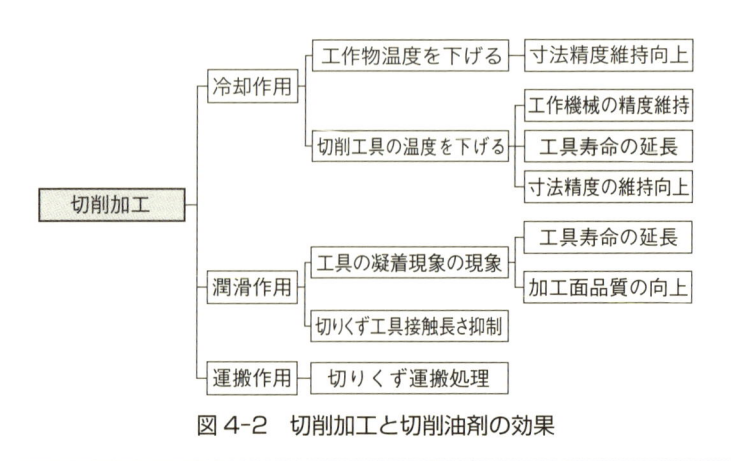

図 4-2　切削加工と切削油剤の効果

切削加工	冷却作用	工作物温度を下げる	寸法精度維持向上
		切削工具の温度を下げる	工作機械の精度維持
			工具寿命の延長
			寸法精度の維持向上
	潤滑作用	工具の凝着現象の現象	工具寿命の延長
			加工面品質の向上
		切りくず工具接触長さ抑制	
	運搬作用	切りくず運搬処理	

冷却性を重視するのかなど、その作業目的に合った切削油剤を選択することが大切です。

表4-1 切削油剤の作用

目的	働き	基本性能				
		潤滑作用	抗溶着作用	冷却作用	さび止め作用	洗浄作用
寸法精度の向上	工具摩耗の抑制	○	○	○		
	熱膨張の抑制			○		
仕上げ面粗さの向上	構成刃先の抑制		○	○		
切削力の低減	摩擦の抑制	○				
工具寿命の延長	工具摩耗の抑制	○	○	○		
	熱劣化の抑制			○		
作業の効率化	切りくず処理					○
	工作物の冷却			○		
品質の向上	工作物・工作機械のさび止め				○	

一口メモ　切削油、切削液、研削液、クーラント

切削油剤は、その目的によって、切削油、切削液、研削液およびクーラントと呼ばれています。それらの厳密な定義はなされていませんが、おおむね下の図のようになります。

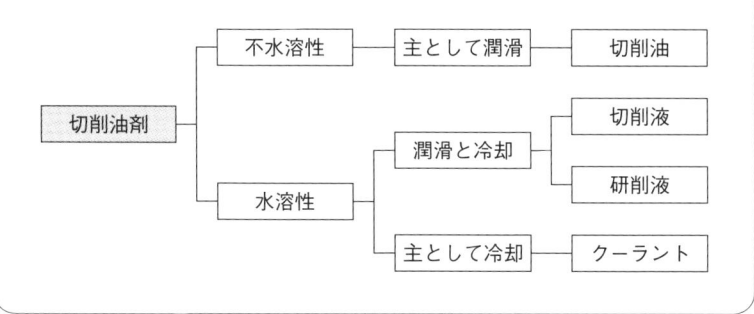

```
切削油剤 ─┬─ 不水溶性 ── 主として潤滑 ── 切削油
          │
          └─ 水溶性 ─┬─ 潤滑と冷却 ─┬─ 切削液
                     │              └─ 研削液
                     │
                     └─ 主として冷却 ── クーラント
```

4-2 ● 研削加工と研削油剤

　研削加工は熱との闘いと言われているように、研削油剤の選択が非常に重要になります。**図4-3**に研削油剤の特性とその作用を、また**表4-2**に研削の目的とその作用をまとめてあります[7]。研削作業時には、研削油剤の特性を十分に理解し、といしの切れ味を主に考えるのか、あるいは冷却性を主に考えるのかなどの作業目的を明確にしたうえで、適切な研削油剤を選択することが大切です。

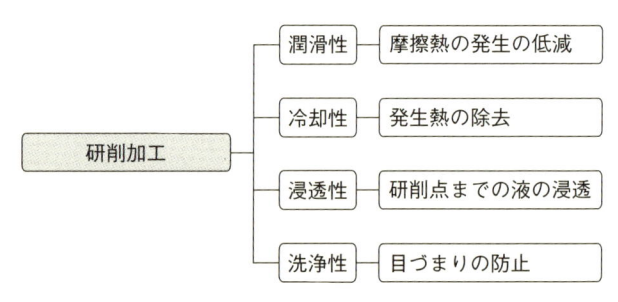

```
                 ┌── 潤滑性 ── 摩擦熱の発生の低減
                 │
                 ├── 冷却性 ── 発生熱の除去
     研削加工 ───┤
                 ├── 浸透性 ── 研削点までの液の浸透
                 │
                 └── 洗浄性 ── 目づまりの防止
```

図4-3　研削油剤の特性と作用

表4-2　切削油剤の作用

目的	働き	基本性能					
		潤滑作用	抗溶着作用	冷却作用	さび止め作用	洗浄作用
加工精度の向上	目つぶれ・目こぼれの抑制	○	○	○		
	熱膨張の抑制			○		
研削力の低減	目つぶれ・目づまりの抑制	○	○	○		○
といし寿命の延長	目つぶれ・目こぼれの抑制	○	○	○		
作業の効率化	切りくず処理					○
	工作物の冷却			○		
品質の向上	焼け・割れの防止	○		○		
	工作物・工作機械のさび止め				○	

4-3 ● 不水溶性油剤か水溶性油剤か

前述のように、切削油剤を大別すると、不水溶性切削油剤と水溶性切削油剤とになります。そして、作業目的に応じた適切な切削油剤を選択するためには、これら油剤の特性をよく理解しておくことが大切です。そこで不水溶性切削油剤と水溶性油剤の特性を表4-3にまとめました[8]。

まず切削工具の切れ味を重視する場合です。このときは潤滑性や抗溶着性の高い不水溶性切削油剤を選択します（図4-4）。次に冷却性です。表4-4に水と油の比熱（1g当たりの物質の温度を1度あげるのに必要な熱量）と熱伝導率（物質がどの程度、熱を伝えるか数値化したもの）を比較してあります[41]。表4-4より油と比較し、水の方が冷却性に優れ

表4-3 切削油剤の特性比較

特性 \ 種類（JIS分類）	不水溶性切削油剤			水溶性切削油剤		
	油性形(N1種)	不活性極圧形(N2,N3種)	活性極圧形(N4種)	エマルション(A1種)	ソリュブル(A2種)	ソリューション(A3種)
潤滑性	○	◎	◎	○〜△	△(○)	△(○)
抗溶着性	○	◎	◎	△	△	△
冷却性	△	△	△	○	◎	◎
浸透性	○	○	○	○	◎	△(◎)
洗浄性	△	△	△	○	◎	△(◎)
消泡性	◎	◎	◎	○	△	◎〜○
さび止め性	◎	◎	◎	△	○	○
耐腐敗性	―	―	―	△	○	◎
耐劣化性	◎	◎	◎	△	○	○
作業性	△	△	△	△	○	◎
引火の危険性	有			無		
管理の難易	易			難		

◎：優れる　○：良好　△：劣る　（ ）内はシンセティック形切削油剤の特徴

図 4-4　不水溶性油剤と水溶性油剤

表 4-4　水と油の冷却性比較 (エヌ・エス　ルブリカンツ)

	水	油
比熱〔cal/℃/g〕常温	1.0	0.4〜0.5
熱伝導率〔cal/cm/sec/℃〕常温	1.4×10^{-3}	0.3×10^{-3}

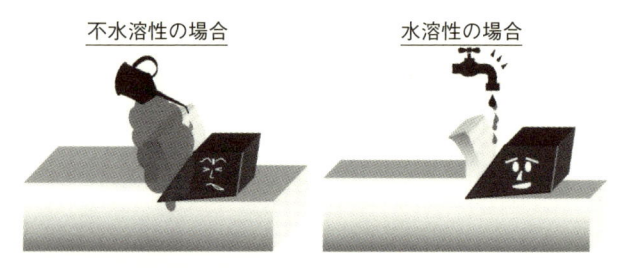

図 4-5　冷却性重視ならば水溶性切削油剤 (エヌ・エス　ルブリカンツ)

ていることが分かります。そのため冷却性を重視する加工においては、水溶性切削油を使用した方が有利と言えます（**図 4-5**）[41]。

　しかしながら、水溶性切削油剤を鋼や鋳鉄の加工に用いると、さびの発生という問題が生じます（**図 4-6**）[41]。機械加工した面は非常に活性で、錆が発生しやすいのです。また、工作機械の摺動面などもさびやすいですね。そのためさび止め作用を重視する場合には、不水溶性の切削油剤を選択するとよいでしょう。

　また切削油剤の選択にあたっては作業のしやすさも問題になります。

図 4-6　さび止め作用重視ならば不水溶性切削油剤 (エヌ・エス　ルブリカンツ)

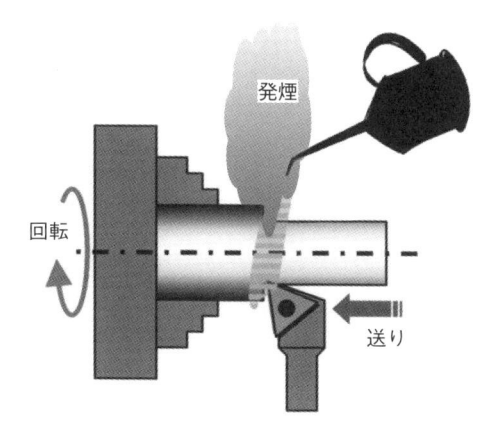

図 4-7　不水溶性切削油剤の作業性 (エヌ・エス　ルブリカンツ)

　図 4-7 に不水溶性切削油剤を使用した場合の作業性のモデルを示します[41]。この場合は、潤滑性が高いので、切削工具の切れ味はよいのですが、発煙（油煙）という問題が生じます。また場合によっては、引火の恐れがあります。加えて油のべたつきにより、工作機械の掃除や切りくずの除去が困難だという問題もあります。
　一方、水溶性の場合は、発煙や引火の恐れがなく、また切りくずが冷

却されるので、火傷などの安全面でも作業がしやすくなります（**図4-8**）[41]。また切削油剤にべたつきがないので、工作機械の掃除や切りくずの除去も容易です。しかしながら作業後、工作機械の掃除を丁寧に行い、そのうえで摺動面などの防錆を十分に行わないと、さびが発生しやすくなります。また工作物についても同様です。

このように不水溶性油剤と水溶性切削油剤には一長一短があるので、作業にあたっては切削油剤のどのような性能を重視するかを明確にし、そのうえでその目的に合致した油剤を選択する必要があります。

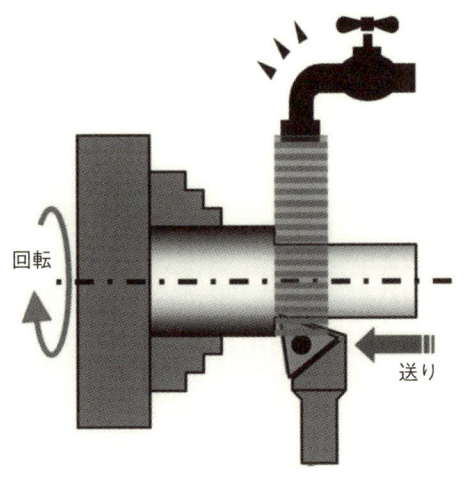

図4-8　水溶性切削油剤の作業性（エヌ・エス　ルブリカンツ）

一口メモ　　潤滑剤の始まり

　古代エジプトでピラミッド建設などに「そり」や「ころ」を用いていましたが、それとともに摩擦を減らすために獣脂油などを使用していたと言われています。これが潤滑剤の始めとされています。

4-4 ● 不水溶性切削油剤とその用途

　不水溶性切削油剤選択の目安を**図 4-9** に示します[42]。切削加工において工具寿命を重視するならば、不活性タイプの油剤がよく、また仕上げ面精度の向上を目的とするならば活性タイプの油剤が優れています。

　また、**図 4-10** に不水溶性切削油剤とその用途を示します[42]。油性形の油剤は、非鉄金属や鋳鉄の軽切削に用いられており、また不活性極圧形のものは鋼や合金鋼の切削など、汎用的な加工に使用されています。そして、活性極圧形の油剤は難削材の低速加工や仕上げ面精度の厳しい切削加工に用いられます。このように、工具寿命を重視するのか、あるいは仕上げ面精度を重視するのかによって、不水溶性切削油剤の選択が異なります。

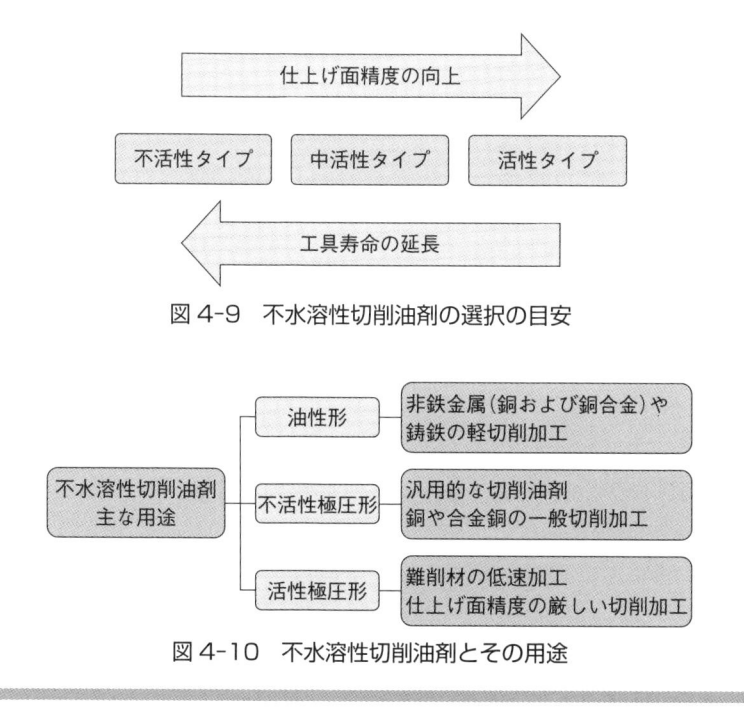

図 4-9　不水溶性切削油剤の選択の目安

図 4-10　不水溶性切削油剤とその用途

4-5 水溶性切削油剤とその用途

水溶性切削油剤選択の目安を図4-11に示します[42]。水溶性切削油剤の場合は、潤滑性を重視するか、あるいは冷却性を重視するかにより、その選択が異なります。

通常、切削加工の場合は潤滑性が重視されるのでエマルションが、また、研削加工の場合は冷却性が重視されるので、ソリューブルまたはソリューションが用いられています。

また、図4-12に水溶性切削油剤の主な用途を示します[42]。エマルションは潤滑性が必要な鋳鉄、非鉄金属および鋼などの切削加工に用いられています。また、ソリューブルは鋳鉄、非鉄金属および鋼などの切削と研削加工の両方に、そしてソリューションは鋳鉄の切削加工や鋳鉄と鋼の研削加工に使用されています。

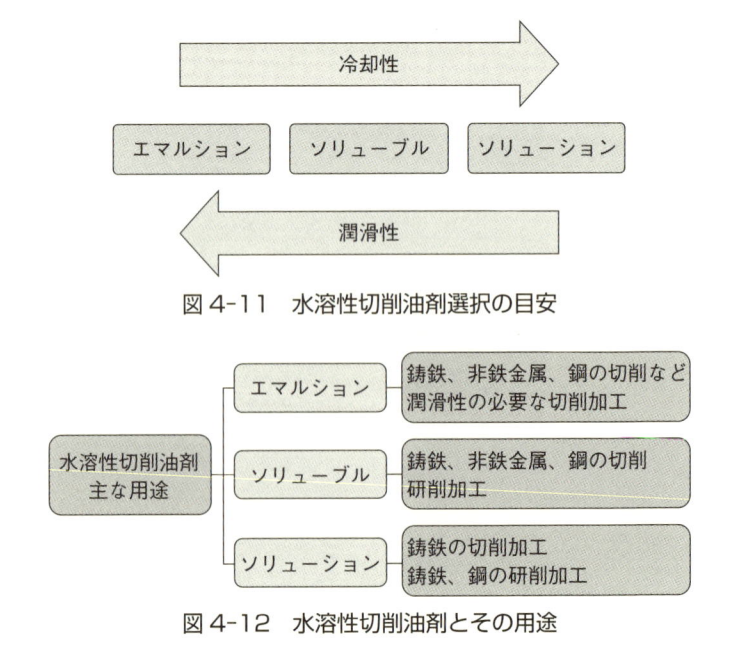

冷却性 →

エマルション　ソリューブル　ソリューション

← 潤滑性

図4-11　水溶性切削油剤選択の目安

水溶性切削油剤 主な用途
- エマルション：鋳鉄、非鉄金属、鋼の切削など 潤滑性の必要な切削加工
- ソリューブル：鋳鉄、非鉄金属、鋼の切削 研削加工
- ソリューション：鋳鉄の切削加工 鋳鉄、鋼の研削加工

図4-12　水溶性切削油剤とその用途

4-6 ● 工作物の材質と切削油剤の選択

工作物材質と切削油剤の選び方を**図4-13**および**表4-5**に示します[42]。主な工作物の種類を大別すると、鉄と非鉄とになり、それらに対応して切削油剤の選択が異なります。

工作物が鋼材の場合は、高い加工精度が要求されることが多く、そのため通常は潤滑性の大きな不水溶性切削油剤が用いられています。また水溶性切削油剤を用いる場合は、エマルションが適しています。また、ステンレスや耐熱鋼などを加工する場合は、溶着が生じやすいので、極圧性と潤滑性に富んだ油剤が用いられています。

また、工作物が鋳鉄の場合は、水溶性の切削油剤を用いるとさびが発

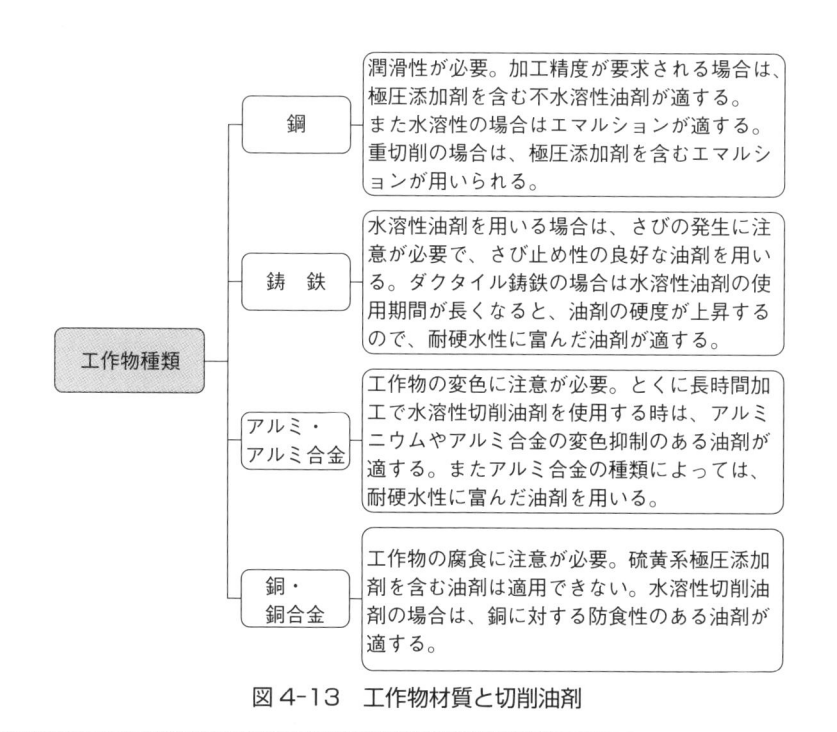

工作物種類		説明
	鋼	潤滑性が必要。加工精度が要求される場合は、極圧添加剤を含む不水溶性油剤が適する。また水溶性の場合はエマルションが適する。重切削の場合は、極圧添加剤を含むエマルションが用いられる。
	鋳鉄	水溶性油剤を用いる場合は、さびの発生に注意が必要で、さび止め性の良好な油剤を用いる。ダクタイル鋳鉄の場合は水溶性油剤の使用期間が長くなると、油剤の硬度が上昇するので、耐硬水性に富んだ油剤が適する。
	アルミ・アルミ合金	工作物の変色に注意が必要。とくに長時間加工で水溶性切削油剤を使用する時は、アルミニウムやアルミ合金の変色抑制のある油剤が適する。またアルミ合金の種類によっては、耐硬水性に富んだ油剤を用いる。
	銅・銅合金	工作物の腐食に注意が必要。硫黄系極圧添加剤を含む油剤は適用できない。水溶性切削油剤の場合は、銅に対する防食性のある油剤が適する。

図4-13 工作物材質と切削油剤

表 4-5　工作物材質と切削油剤 (ケミック)

ステンレス・耐熱鋼	溶着しやすいため極圧性と潤滑性の双方が要求される。強い潤滑性により極圧性を補う場合もある。
鋳鉄	工作物のさびや使用液の劣化を防ぐ性能が必要。ダクタイル鋳鉄の場合、使用液の分離も問題になる。
アルミ合金・銅合金	仕上げ面精度を要求する場合、潤滑性が必要。耐食性も要求される。
(マグネシウム合金)	工作物の腐食、使用液の分離、反応物の治具への固着がないこと。
(超硬合金)	工作物の腐食、使用液の変色（コバルトの溶出）がないこと。

生しやすく、また使用油剤の劣化も生じます。そのため鋳鉄の切削では、工作物のさびの発生や使用後の油剤の劣化を防止する働きのある切削油剤を選択することが大切です。

　そして、非鉄金属のうちアルミニウムおよびアルミニウム合金の場合は、それらの被削性は非常によいのですが、軟らかいので切削工具に凝着が発生しやすくなります。その結果、加工面にむしれなどが発生し、加工精度や表面粗さが悪化しやすいという問題があります。そのため、通常、このような材料の切削には潤滑性の高いエマルションタイプの水溶性切削油剤が用いられています。

　しかしながら、このような水溶性の切削油剤を用いると、工作物表面が褐色や黒色などに変色するウォータステイン（アルミナ水和物の薄膜に起因する着色）という現象が生じやすいので注意が必要です。

　また、銅および銅合金の場合には、切削油剤に硫黄系極圧添加剤が含まれていると、工作物表面に腐食が生じます。そのため、極圧添加剤として硫黄系のものが使用されている切削油剤を銅、および銅合金の切削に用いることは禁物です。

4-7 ●加工方法と切削油剤の選択

(1) 旋削加工と切削油剤

　旋削加工における切削油剤の選択の仕方を**図 4-14** に示します[9]。旋削加工の場合には、連続切削か、あるいは断続切削かによって、切削油剤の選択が異なります。鋼材の連続切削で、高能率・高速切削の場合は、とくに発熱が問題となるので、通常、冷却性に優れた水溶性切削油剤が用いられます。また低速切削で、表面粗さの良好な高精度な加工が要求される場合は、刃先への凝着を防止するために不水溶性の切削油剤が適用されます。そして断続切削の場合は、熱衝撃によるチッピングが生じやすいので、冷却性を抑えた潤滑性の高い油剤が使用されています。

　次に、旋削加工において不水溶性と水溶性切削油剤を使用する場合のそれらの種類の選択法です。**図 4-15** にその選択の仕方を示します[9]。不水溶性の切削油剤を使用する場合は、一般的に油性形のものが使用されています。また、合金鋼やステンレス鋼には、不活性極圧形の切削油剤が適しています。

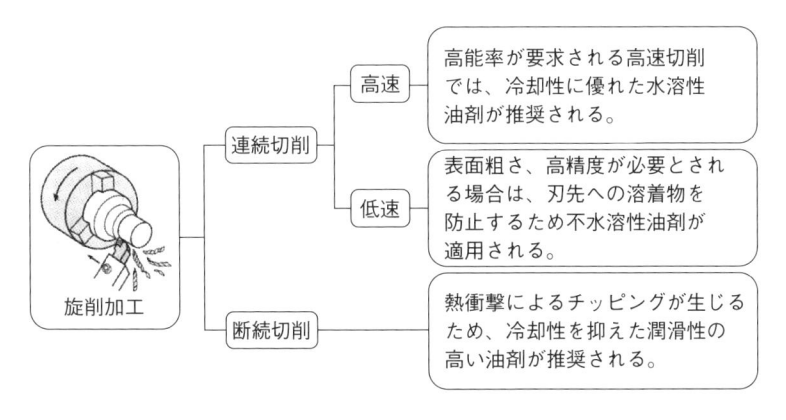

図 4-14　旋削加工と切削油剤（1）

```
旋削加工 ─┬─ 不水溶性 ── 油性形が推奨される。合金鋼や
          │              ステンレス鋼では、不活性極圧
          │              形がよい。
          └─ 水溶性 ──── エマルションが推奨される。合金
                          鋼やステンレス鋼では、極圧添加
                          剤を含むエマルションがよい。
```

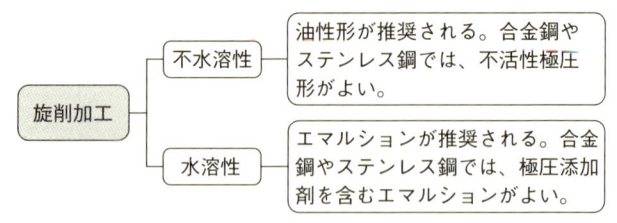

図4-15　旋削加工と切削油剤（2）

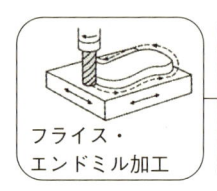

フライス・エンドミル加工 ── 断続切削で、熱衝撃によるチッピングが生じやすいので、ドライ加工や不水溶性切削油剤が用いられる。鋳鉄の場合は、ドライ切削が一般的である。また溶着を生じやすい工作物や加工精度を要求される場合には切削油剤が用いられる。

図4-16　フライス・エンドミル加工と切削油剤（1）

　また水溶性の切削油剤の場合は、潤滑性の高いエマルションタイプの油剤が多く使用されています。また合金鋼やステンレス鋼には、極圧添加剤を含むエマルションタイプのものが適しています。

（2）　フライス・エンドミル加工と切削油剤

　図4-16にフライス・エンドミル加工と切削油剤の選択の目安を示します[9]。正面フライスやエンドミルは多刃工具なので、断続切削となり、熱衝撃により、刃先にチッピングが生じます。そのため、ドライ（切削油剤を使用しない）切削や不水溶性切削油剤を用いた切削が一般的です。そして溶着を生じやすい工作物や加工精度を要求される加工の場合には、通常、潤滑性の高い不水溶性切削油剤が適用されています。また、鋳鉄の場合は、通常、切削油剤を用いないドライ切削が一般的です。

　図4-17にフライス・エンドミル加工において、不水溶性および水溶性切削油剤を選択する場合の指針を示します[9]。不水溶性切削油剤を使用する場合は、油性形が推奨されます。また、合金鋼やステンレス鋼を

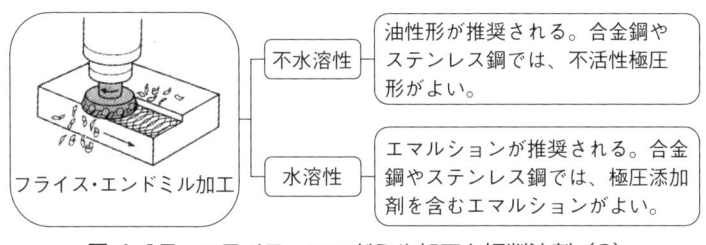

図4-17 フライス・エンドミル加工と切削油剤（2）

- 不水溶性：油性形が推奨される。合金鋼やステンレス鋼では、不活性極圧形がよい。
- 水溶性：エマルションが推奨される。合金鋼やステンレス鋼では、極圧添加剤を含むエマルションがよい。

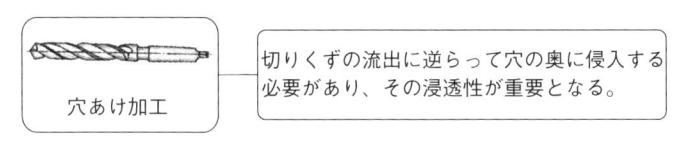

図4-18 穴あけ加工に必要とされる切削油剤

穴あけ加工：切りくずの流出に逆らって穴の奥に侵入する必要があり、その浸透性が重要となる。

切削する場合は、不活性極圧形が適しています。

そして水溶性切削油剤を用いる場合は、潤滑性の高いエマルションタイプのものが一般的に使用されています。また合金鋼やステンレス鋼を切削する場合は、極圧添加剤を含む油剤が適しています。

（3） 穴あけ加工と切削油剤

図4-18に穴あけ加工時の切削油剤選択の目安を示します[9]。ドリルを用いた穴あけ加工の場合には、切りくずの流出方向とは逆に切削油剤が供給されます。そのため、切削油剤が切削点近傍に届きにくいので、切りくずの流出に逆らって、穴の奥に油剤が侵入する浸透性がとくに重要になります。

図4-19に不水溶性、および水溶性切削油剤を選択する場合の指針を示します[9]。不水溶性切削油剤を用いる場合は、通常、油性形のものが使用されます。また、水溶性の場合は、ソリューブルやシンセティックタイプの油剤が適しています。

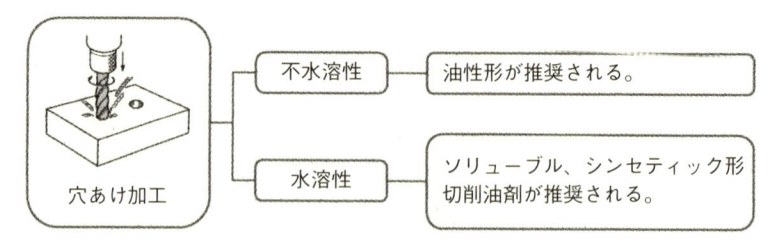

図4-19 穴あけ加工と切削油剤

穴あけ加工
- 不水溶性：油性形が推奨される。
- 水溶性：ソリューブル、シンセティック形切削油剤が推奨される。

リーマ加工：穴加工のうちでも精度が要求されるため潤滑性が必要である。構成刃先や工具摩耗を抑制するため極圧添加剤を含む低粘度の不水溶性油剤が適している。水溶性油剤を用いる場合は、硫黄系極圧添加剤を含む重切削用エマルションが用いられる。

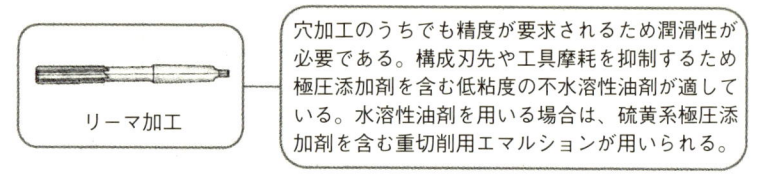

図4-20 リーマ加工に必要とされる切削油剤

リーマ加工
- 不水溶性：極圧形が推奨される。合金鋼やステンレス鋼では、活性硫黄を含有する活性極圧形がよい。アルミ合金には油性形が推奨される。
- 水溶性：エマルションが推奨される。合金鋼やステンレス鋼では、極圧添加剤を含有するエマルションがよい。

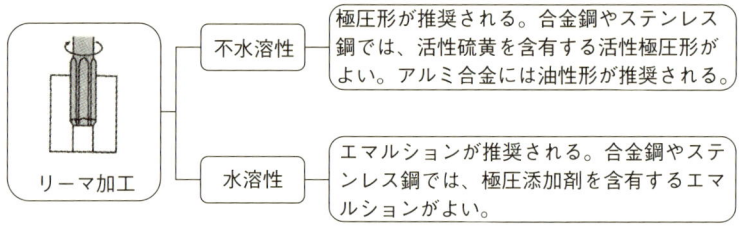

図4-21 リーマ加工と切削油剤

（4） リーマ加工と切削油剤

図4-20にリーマ加工における切削油剤選択の目安を示します[9]。リーマ加工は、寸法精度が高く、また表面粗さの良好な仕上げ面が要求されますので、とくに潤滑性が重要になります。そして、構成刃先や工具摩耗を抑制する必要がありますので、通常、極圧添加剤を含む低粘度の不水溶性切削油剤が用いられます。また、水溶性切削油剤を使用する場合は、硫黄系極圧添加剤を含む重切削用のエマルションが適しています。

図4-21にリーマ加工において、不水溶性切削油剤と水溶性切削油剤

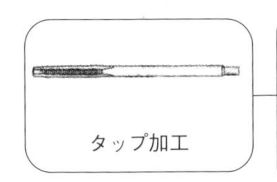

> タップ加工
>
> タップと工作物間の摩擦が大きいため、潤滑性や抗溶着性に優れた不水溶性油剤が用いられる。工作物材質や加工条件によっては水溶性油剤が適用される場合もある。このときは硫黄系の極圧添加剤を含む高濃度の重切削用エマルションが用いられる。

図4-22　タッピングに必要とされる切削油剤

を用いる場合の選択の指針を示します[9]。不水溶性切削油剤の場合は、一般的に極圧形のものが用いられます。しかしながら、合金鋼やステンレス鋼を加工する場合には、活性硫黄を含有する活性極圧形のものが適しています。また、工作物がアルミ合金の場合は油性形の油剤が使用されています。

次に水溶性油剤の場合は、一般的に潤滑性の高いエマルションタイプのものが用いられます。とくに、工作物が合金鋼やステンレス鋼の場合は、極圧添加剤を含むエマルションタイプの油剤が適しています。

（5）タップ加工と切削油剤

図4-22にタップ加工における切削油剤の選択指針を示します[9]。タップ加工の場合は、タップと工作物間の摩擦がとくに大きいので、潤滑性や抗溶着性に富んだ不水溶性切削油剤が適しています。しかしながら、工作物の材質や加工条件によっては、水溶性の切削油剤が適用される場合もあります。この場合には、硫黄系極圧添加剤を含む高濃度の重切削用エマルションタイプの油剤が用いられます。

（6）歯切り加工と切削油剤

図4-23に歯切り加工における切削油剤の選択指針を示します[9]。歯切り加工の場合は、切削工具（ホブ、ピニオンカッタ）と切りくず間の摩擦力が非常に大きくなるので、高い潤滑性が必要とされます。一般的には不水溶性の切削油剤が適用されていますが、最近は切削工具の性能向

歯切り加工：切りくずによる摩擦力が大きいため、潤滑性が必要とされる。一般的には不水溶性油剤が適用されているが、最近はドライ化が進んでいる。

図4-23　歯切り加工に必要とされる切削油剤

ブローチ加工：工具寿命とともに加工精度も要求されるので、潤滑性が必要とされる。一般的に極圧添加剤を含む不水溶性油剤が用いられる。

図4-24　ブローチ加工に必要とされる切削油剤

上により、ドライ加工も多く行われています。

（7）ブローチ加工と切削油剤

図4-24にブローチ加工の場合の切削油剤選択指針を示します[9]。ブローチ加工の場合は、工具寿命とともに高精度な加工も要求されるので、潤滑性がとくに重要となります。そのため、一般的には、極圧添加剤を含む不水溶性切削油剤が用いられています。

（8）各種加工方法と切削油剤

表4-6に各種加工方法と水溶性切削油剤選択の指針を示します[40]。NC旋盤作業には、洗浄性や冷却性に優れたソリューブルタイプの油剤が推奨されます。また断続切削や溶着が生じやすい工作物のねじ加工などにはエマルションタイプの油剤が適しています。

またマシニングセンタ作業の場合は、潤滑性に富んだエマルションタイプの油剤が推奨されます。また、エンドミル加工や穴あけ加工が主で、高速切削の場合は、潤滑性のあるソリューブルタイプの油剤が用いられます。

表 4-6　加工方法と水溶性切削油剤選択の目安 (ケミック)

NC旋盤	洗浄性、冷却性に優れたソリューブルタイプを選定する。断続切削や溶着しやすい材質のねじ加工などではエマルションタイプを選定する。
マシニングセンタ	潤滑性に優れたエマルションタイプを選定する。エンドミル加工や穴あけ加工が中心で高速切削の場合、潤滑の強いソリューブルタイプを選定する。
ボール盤、帯のこ盤	洗浄性、冷却性に優れたソリューブルタイプを選定する。高速超硬バンドソーの場合シンセティック形のソリューブルタイプが効力を発揮する。
平面研削	一般的に潤滑性や洗浄性はあまり要求しないが、面精度を要求する場合は洗浄性が必要となる。また粘性の強い工作物の加工には潤滑性が要求される。
円筒研削	洗浄性、潤滑性がともに要求される。
内面・センタレス研削	洗浄性、潤滑性がともに要求されるが、特に洗浄性が必要。

　ボール盤や帯のこ盤作業の場合は、洗浄性や冷却性に富んだソリューブルタイプの油剤が適しています。また、高速超硬バンドソーの場合は、シンセティックタイプのソリューブルを用いると効力を発揮します。

　次に研削加工の場合です。平面研削の場合は、一般的には潤滑性や洗浄性は必要とされていませんが、良好な仕上げ面が必要とされる場合は洗浄性の高い油剤が使用されます。また、粘質の工作物の場合は、潤滑性の高い油剤が適用されます。

　また円筒研削の場合は、洗浄性とともに潤滑性の高い油剤が用いられています。そして内面研削やセンタレス研削の場合は、円筒研削と同様、洗浄性と潤滑性がともに必要とされていますが、とくに洗浄性の高い油剤が一般に使用されています。

一口メモ　技能の技術化

　熟練技術者の技能は暗黙知です。この技能を技術化し、形式知にすることが大切です。熟練技能者の切削油剤の選択方法とその使い方をマニュアル化しましょう。

第4章　切削油剤の選択

4-8 ● 切削油剤選択のデータベース化

　作業目的に応じて、切削油剤を適切に選択するには、切削油剤選択のデータベース化を図ることが大切です（**図4-25**）。油剤選択を個々の作業者の経験に任せてしまうと、ロスが多く、また加工品質のばらつきも生じやすくなります。

　表4-7および**表4-8**に各種工作物の種類と加工方法に対応した切削油剤の種類とその特性を示します[10]。切削や研削などの作業においては、これらの表を目安にして、各種工作物の種類に応じて適切な切削油剤を選択してください。また、切削油剤メーカーがいろいろな切削油剤を販売しているので、これらの表に基づいて、工作物の種類や加工方法との関連において、それらをデータベース化しておくことも大切です。

　また**表4-9**に各種加工法に応じた切削油剤の使用状況を示します[11]。このような最近の切削油剤の使用状況を踏まえて、各種加工方法との関連において、日頃より適切な切削油剤を選択するように心がけ、加えて切削油剤選択のデータベースを常に更新することが重要です。

図4-25　油剤選択のデータベース化！

―口メモ　コンピュータによる切削油剤の選択

　作業目的を入力したら、適切な切削油剤が出力されるとよいですね。

表4-7　切削油剤選択の目安（その1）

	基本性能					炭素鋼、合金鋼										ステンレス鋼									
	潤滑性	抗溶着性	冷却性	浸透性	洗浄性	旋削・ボーリング	ドリリング	リーミング	タッピング	ミーリング	ブローチ	歯切り	研削	ホーニング	超仕上げ	旋削・ボーリング	ドリリング	リーミング	タッピング	ミーリング	ブローチ	歯切り	研削	ホーニング	超仕上げ
油性形	○	○	△	△	△	○			○			○				○									
不活性極圧形	◎	◎	△											○					○						
活性極圧形	◎	◎	△																						○
エマルション	○〜△	△	○	△												○							○		
ソリューブル（マイクロエマルションを含む）	△	△	◎	○	○				○				○											○	
ソリューション		△	◎	△	○								○												

◎：優れる　○：良好　△：劣る

表4-8　切削油剤選択の目安（その2）

	鋳鉄								アルミ合金								
	旋削・ボーリング	ドリリング	リーミング	タッピング	ミーリング	ブローチ	歯切り	研削	ホーニング	超仕上げ	旋削・ボーリング	ドリリング	リーミング	タッピング	ミーリング	ブローチ	歯切り	研削	ホーニング	超仕上げ
油性形	○	○		○			○		○		○	○	○	○	○			○	○	
不活性極圧形		○	○	○	○	○														
活性極圧形																				
エマルション											○	○			○	○				
ソリューブル（マイクロエマルションを含む）	○	○	○	○	○			○			○	○					○	○		
ソリューション								○												

表 4-9 加工方法と切削油剤の使用状況

加工方法	切削油剤の使用状況
旋削加工	(a) 高速加工：冷却性に優れる水溶性切削油剤（エマルション、ソリューブル）が使用される。工具寿命の延長が可能なドライ加工、セミドライ加工の適用も進められている。 (b) 低速加工：仕上面精度が要求されるため、不水溶性油剤（N3種）が使用される。セミドライ加工の適用も進められている。
フライス、エンドミル（形削り）加工	水溶性切削油剤が多く使用される。断続切削のため熱衝撃による工具のチッピングが生じやすいため、工具温度の変化が少ないセミドライ加工の適用が進められている。
穴あけ加工	(a) 汎用穴あけ加工：冷却性にすぐれる水溶性切削油剤が多く使用されており、硬い材料の場合には難削材用エマルション（極圧添加剤を含むものなど）が使用される。 (b) ドリル深穴加工：水溶性切削油剤を高圧で使用する場合が多い。工作物が鋳鉄、鋼材の場合には切りくずの排出性が向上するセミドライ加工が使用される。 (c) ガンドリル加工、BTA加工：加工精度が要求されるため、低粘度の不水溶性切削油剤（N3・N4種、$10 \sim 20 \, mm^2/s$（@40℃））が使用される。
リーマ加工	構成刃先、工具摩耗の抑制のため、低粘度の不水溶性切削油剤（N3・N4種）が使用される。水溶性切削油剤では切削性能の高いエマルションが使用される。
タップ加工	工具と工作物の摩擦が大きいため、不水溶性切削油剤（N3・N4種）が使用される。水溶性切削油剤では切削性能の高いエマルションが使用される。
歯切り加工	(a) ホブ加工：不水溶性切削油剤（N2種）が主に使用される。超硬工具を使用したドライ加工も可能。 (b) シェービング加工：加工精度が要求されるため、不水溶性切削油剤（N3種）が使用される。
ブローチ加工	工具寿命、加工精度が要求されるため、不水溶性切削油剤（N4種）が使用される。セミドライ加工に対応した機械を使用したセミドライ加工も可能。
転造加工	極圧性が必要なため、不水溶性切削油剤（N3・N4種）が使用される。セミドライ加工に対応した機械を使用したセミドライ加工も可能。
研削加工	(a) 一般研削加工：冷却性に優れる水溶性切削油剤（ソリューション）が使用される。加工条件が厳しい場合はソリューブルが使用される。 (b) 工具研削・歯車研削：加工精度が要求されるため、不水溶性切削油剤（N3・N4種）が使用される。
ホーニング、スーパーフィニッシュ加工	加工性能と洗浄性を両立させるため、低粘度の不水溶性切削油剤（$5 \, mm^2/s$（@40℃））が使用される。

第5章

切削油剤の供給方法

　本章では環境問題に関連して極微量潤滑（MQL）を主に、内部や外部給油など、切削油剤の供給方法を多くの例示に基づいて解説しています。MQLには、潤滑作用の大きなオイルミストを、また冷却性の高い水溶性ミストを、そしてその両方である水と油の混合ミストや油膜付水滴を供給する方法などがあります。ここでは、それらの原理と特性を解説し、多くの事例を示しました。

5-1 ● 各種給油法とその概要

切削油剤の給油方法には、多くの種類のものがあります。このような各種給油法とその概要をまとめると **図 5-1** のようになります。また給油方法を経路、圧力、状態、量および温度のような項目で整理すると、**図**

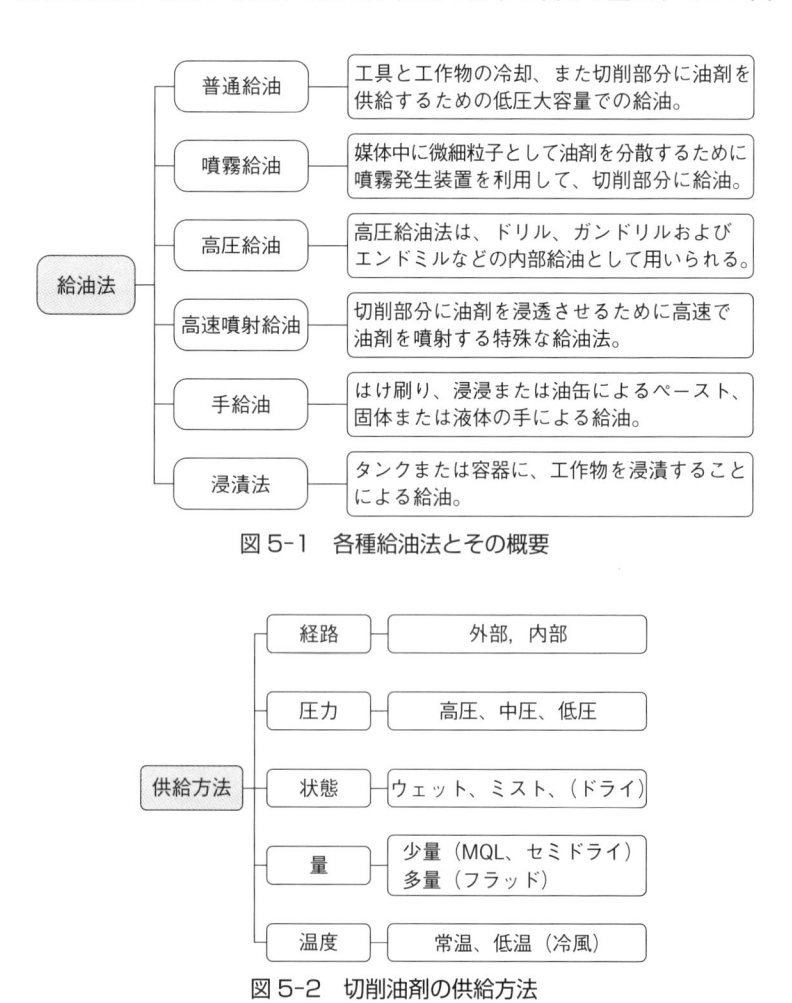

```
              ┌─ 普通給油 ──── 工具と工作物の冷却、また切削部分に油剤を
              │                 供給するための低圧大容量での給油。
              │
              ├─ 噴霧給油 ──── 媒体中に微細粒子として油剤を分散するために
              │                 噴霧発生装置を利用して、切削部分に給油。
              │
              ├─ 高圧給油 ──── 高圧給油法は、ドリル、ガンドリルおよび
   給油法 ───┤                 エンドミルなどの内部給油として用いられる。
              │
              ├─ 高速噴射給油 ─ 切削部分に油剤を浸透させるために高速で
              │                 油剤を噴射する特殊な給油法。
              │
              ├─ 手給油 ────── はけ刷り、浸浸または油缶によるペースト、
              │                 固体または液体の手による給油。
              │
              └─ 浸漬法 ────── タンクまたは容器に、工作物を浸漬すること
                                による給油。
```

図 5-1　各種給油法とその概要

```
              ┌─ 経路 ──── 外部, 内部
              │
              ├─ 圧力 ──── 高圧、中圧、低圧
              │
   供給方法 ──┤─ 状態 ──── ウェット、ミスト、(ドライ)
              │
              ├─ 量 ────── 少量（MQL、セミドライ）
              │             多量（フラッド）
              │
              └─ 温度 ──── 常温、低温（冷風）
```

図 5-2　切削油剤の供給方法

5-2のようになります[12]。

（1） 乾式切削

超硬合金製工具は熱衝撃に弱いので、通常、鋼材などの切削は乾式で行われています（図5-3）。すなわち切削油剤を用いないドライ切削です。とくに最近は、超硬合金製工具の高性能化や環境問題などとの関連で、切削加工のドライ化が進んでいます。

（2） 手給油

高速度工具製ドリルやエンドミルを用いた汎用旋盤やフライス盤作業は、通常、手給油で行われています（図5-4）。この方法は、切削油剤を

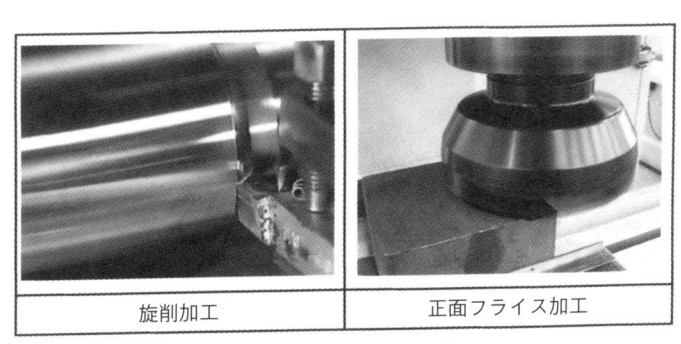

図5-3 ドライ切削法

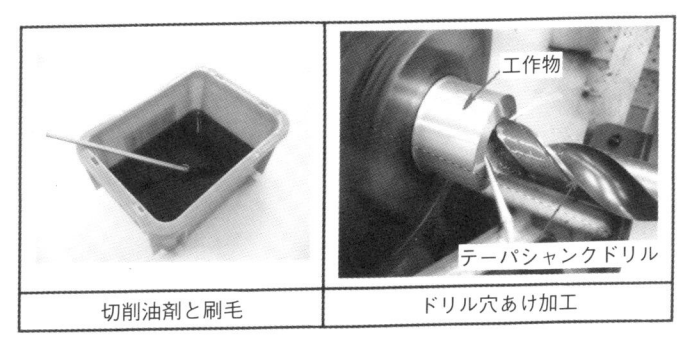

図5-4 手給油

刷毛に付けて、ドリルやエンドミルなどの切削点近傍に塗布するものです。切削油剤の使用量が少なく、簡便であるという利点がありますが、その供給がむらになりやすいという不都合もあります。

（3） 通常給油

現在、一般的に行われているのが、通常（普通）給油（流し給油）です。この方法は、工作機械のオイルポンプなどを用いて、切削油剤をドリルやエンドミルなどの切削点近傍に、自動的に給油するものです。**図 5-5** に不水溶性切削油剤の給油状態を示します。この場合は、ノズルにより切削油剤がエンドミルやドリルの切削点近傍に自動的に給油されています。

このような通常給油を旋削加工に適用する場合には、切削油剤のかけ方に注意する必要があります。**図 5-6** にバイトを用い、また切削油剤を

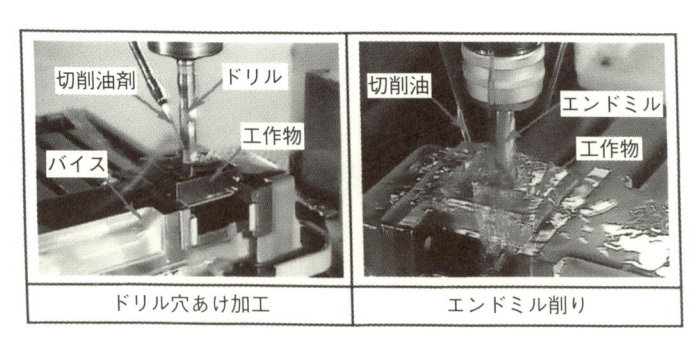

図 5-5　不水溶性切削油剤給油法

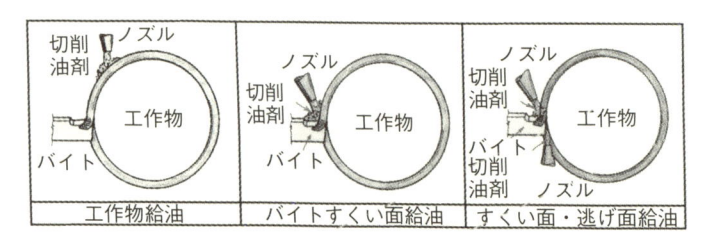

図 5-6　旋削における給油法 (竹山)

供給して、工作物を旋削している状態を示します。工作物給油の場合、ノズル位置が切削点から非常に離れているので、工作物に付着した油剤は主軸の回転による遠心力ではねとばされ、ほとんど油剤を使用していないのと同じ状態になります。

またノズルを切削点近傍に設置し、切削油剤を工具のすくい面に供給する場合（通常はこのような方法）は、その油剤の流入方向が切りくずの流出方向と反対になるので、切削油剤が切削点近傍に届きにくくなっています。しかしながら、切削工具（工作物）の側面方向からも切削油剤が供給されるので、その油剤が切削点近傍に進入します（図 2-5 参照＝ 41 ページ）。そして、切削工具のすくい面と逃げ面の 2 方向より切削油剤を供給する場合は、最もその切削油剤が切削点近傍に進入しやすく、その潤滑効果が大きくなります。このように、バイトを用いた低速の旋削加工においては、切削油剤を工具のすくい面と逃げ面の 2 方向より供給することがポイントです。

また、**図 5-7** は水溶性切削油剤を用いた一般的な給油法です。図はドリルを用いた穴あけ加工と平面研削加工の場合です。いずれの場合も、切削点あるいは研削点の温度が高くなるので、切削油剤の冷却効果がポイントになります。とくに深穴あけ加工の場合は、切りくずの流出に逆らって切削油剤が供給されるので、油剤が切削点近傍に届きにくく、また切りくずの排出も非常に困難です。そのためこのような場合は、水溶

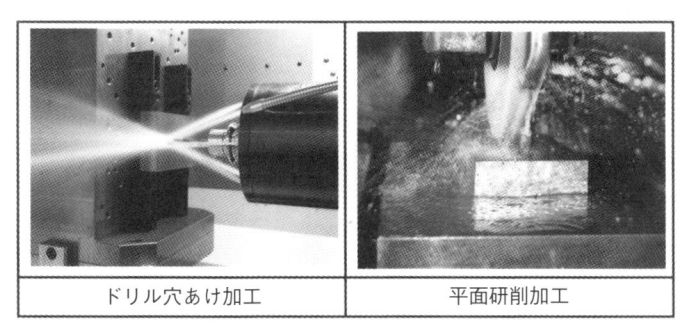

| ドリル穴あけ加工 | 平面研削加工 |

図 5-7　水溶性切削油剤給油法（ケミック）

性油剤を高圧で切削点近傍に供給すると、刃先の温度が低下し、同時に切りくずの排出が容易になるなどの効果があります。

　また研削加工の場合も、水溶性油剤を高圧で供給することにより、といし周辺の気流連れ回り層を破って油剤が供給されるので、研削点の温度が下がり、またといし作業面の目づまりの発生も低減されます。

（4）　外部給油と内部給油

　図 5-8 に外部給油と内部給油を示します。外部給油は、切削工具の外部より切削油剤を供給する方法です（図 5-5 参照）。この外部給油は一般的ですが、前述のように、ドリルを用いて深穴を加工するような場合は、切削油剤が切削点近傍に届きにくく、また切りくずも排出しにくいという問題があります。そのため、このような穴あけ加工などの場合には、オイルホール（油穴）付切削工具の刃先近傍の内部より、切削油剤を供給する内部給油法が用いられています。

　内部給油の代表例として、ガンドリルによる深穴あけ加工を示します。図 5-9 にガンドリルの例を示します[43]。このガンドリルは、当初、小銃や猟銃の穴あけ加工のために開発された切削工具です。また図 5-10 にガンドリルマシンの構造を示します[43]。この機械の場合には、切削油剤がガンドリル内部の穴を通って、その刃先に高圧で供給されます。

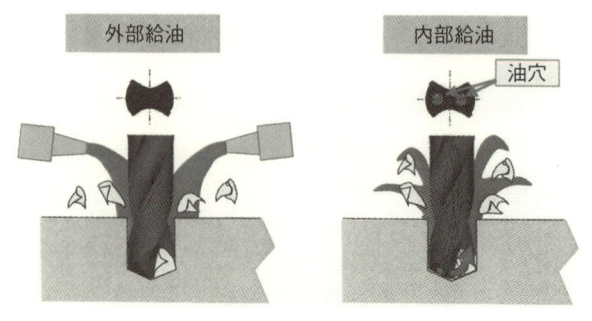

図 5-8　外部給油と内部給油（タンガロイ）

図 5-9　ガンドリルの例（名西深穴）

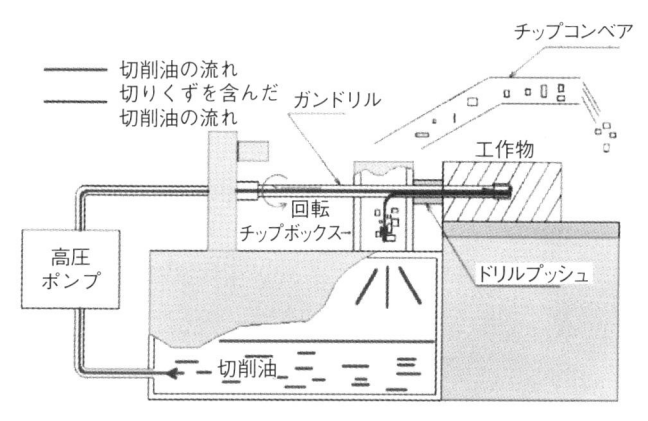

図 5-10　ガンドリルマシンの構造例
出典：http://fujiwara.m78.com/gundoril/gundrill.htm

　通常、深穴あけ加工を、一般的なツイストドリルを用いて行う場合は、切削点近傍に切削油剤が届きにくく、また切りくずの排出も困難なので、ステップ送りが必要になります。一方、ガンドリルや油穴付ドリルを用いてこの加工を行うと、その刃先先端より切削油剤が高圧で供給されるので、その油剤が切削点に届きやすく、また切りくずも油剤とともに排出されます。そのため、加工時にステップ送りを必要とせずに、深穴あけ加工を行うことができます。

また最近は、エコマシニング（定義はないが環境対応加工）の進展とともに、内部給油ができるマシニングセンタ（自動工具交換装置を備えた数値制御工作機械）が開発されています。図5-11にマシニングセンタの内部給油方式を示します。内部給油方式には、スピンドルスルー方式、フランジスルー方式、およびサイドスルー方式があります。そして、これらに対応したオイルホール付ホルダや切削工具（ドリルやタップなど）を用いて、ミスト給油による切削加工が行われています。これらの方式のうち、最近は、スピンドルスルー方式の内部給油が主流になりつつあります。

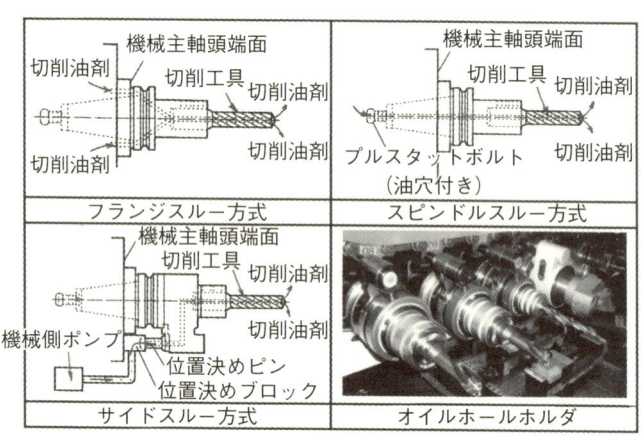

図5-11　マシニングセンタ内部給油（切削油技術研究会）

（5）高圧給油

　高圧給油は、前述のように、ドリル、ガンドリルおよびエンドミルなどの内部給油として用いられている方法です（図5-9および図5-10参照）。切削油剤を高圧ポンプでオイルホール付切削工具に送り込み、それらの先端の刃先近傍から油剤を噴出させます。そして、その刃先の潤滑および冷却を行うとともに、切りくずを効率よく排出します。

（6） 高速噴射給油

図 5-12 に高速噴射給油の例を示します[45]。高速噴射給油の目的は、切削点近傍に切削油剤を到達しやすくすることです。また、マシニングセンタを用いた鋼材のエンドミル加工などの場合では、切りくずを吹き飛ばす働きもします。切削時に切りくずは加工硬化するので、その切りくずを再度、エンドミルで挟み込むと、工具が損傷しやすくなります。そのため高速噴射給油により、切削点への切削油剤の到達を容易にするとともに、切りくずを吹き飛ばして、工具の損傷を防止します。

また研削加工の場合は、といし周辺に空気層がつれ回りしており、通常の給油ではその気流の影響を受け、研削油剤が研削点近傍に届きにくくなっています。そして、とくに鋼材などのクリープフィード（高切り込み・低速送り）研削の場合は、といしと工作物間の接触弧の長さが非常に大きいので、研削油剤が研削点近傍に侵入しにくく、研削焼けなどの熱的損傷が生じやすくなります。そのため、このような高速噴射給油を行うことにより、研削点近傍に研削液が到達しやすくなり、またその洗浄作用でといし作業面の目づまりも低減されます。

高圧噴射旋削加工	高圧噴射エンドミル加工
（セコ・ツールズ）	（ケミック）

図 5-12　高圧噴射給油法

5-2 ミスト給油による MQL

（1） 通常給油とミスト給油

最近のエコマシニングの進展に伴い、新しい給油法が多く開発され、実用化されています。通常、その給油法は MQL（Minimal Quantity Lubrication）と呼ばれ、極微量潤滑、あるいは極微量切削油供給を意味します（図5-13）。

最近の切削油剤供給法を区分けすると、図5-14 に示すように、通常（普通）給油とミスト給油とになります。また、それをイラスト化したの

図5-13　MQLとは？

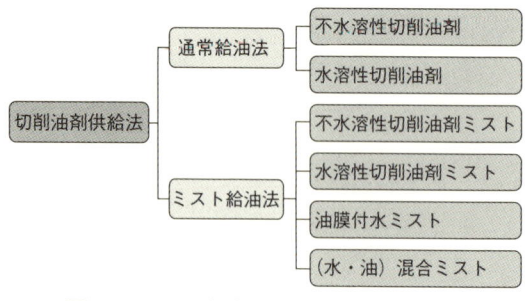

図5-14　通常給油とミスト給油の分類

が**図 5-15** です[46]。通常給油法は、流し給油（図 5-5 参照）をするもので、不水溶性切削油剤を用いる方法と、水溶性切削油剤を用いる方法とがあります。いずれの方法も、工作機械のポンプにより吐出される切削油剤をノズルを用いて、切削点近傍に供給するものです。

またミスト給油法には、不水溶性切削油剤を噴霧化するオイルミスト法、水溶性切削油剤を希釈してミスト化する水溶液ミスト法、水滴の周りに油膜を付着する油膜付水ミスト法（水滴が大きいので、ミストと区分けする場合もありますが、ここでは便宜上、水ミストと呼ぶことにします）、および水と油の混合液をミスト化する混合ミスト法があります。

ミスト給油を用いて切削加工を行う場合は、まず最初に、その作業目的を明確にすることが大切です。ミスト給油は、**図 5-16** に示すように、油性のミストを使用するか、あるいは水性のものを用いるかによってその特性が異なります。油性ミスト給油はどちらかというと、切削工具の切れ味重視で、潤滑性を主に考えるものです。すなわち、機械部品の高

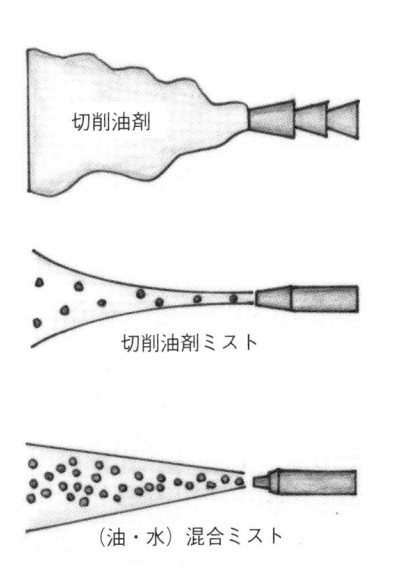

図 5-15　通常給油とミスト給油（日本スピードショア）

精度化や高品質化を目的としています。一方、水性ミスト給油は、冷却性重視で、主に取り代の多い重切削や高能率加工を目的としていると言えます。

表 5-1 にミスト給油と通常給油の場合の特性を比較してあります。これらの特性から判断すると、通常給油は、切削工具の切れ味重視で、工具寿命の延長、工作物の高精度・高品質化に優れており、ミスト給油は、切削油剤の使用量、油剤の管理、省スペース、および切りくずのリサイクルなど、環境対策面に利点があると言えます。

このように通常給油か、あるいはミスト給油か、また油性ミストを用いるか、あるいは水性ミストかなどによって、それぞれ特徴があるので、作業にあたってはこれらの特徴をよく理解し、目的に合致した方法を選

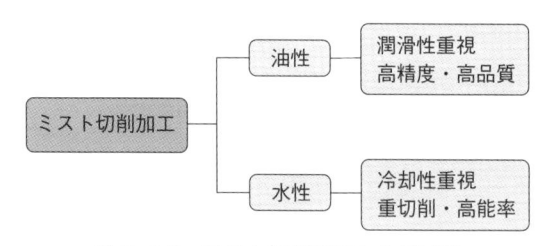

図 5-16　ミスト切削加工と主な目的

表 5-1　ミスト給油と通常給油の特性比較 （ユシロ化学工業）

	ミスト切削	通常給油
切削油剤使用量	○極微量（数〜数十 ml/h）	×多量（50〜5,000 L/h）
使用方法	×掛け捨て	○循環
切削油の管理	○不要	×必要
廃液の有無	○なし	×あり
省スペース	○優	×劣（切削油タンク）
切りくずリサイクル	○易	×難
切りくず処理	×難	○易
加工面品位	×劣	○優
工具寿命	×短	○長

択することが大切です。

（2） ミストの発生方法

みなさんは霧吹きを知っていますね。ミストの発生方法はこの霧吹きの原理を利用したものです。**図 5-17** にミストの発生原理を示します[47]。図において、管の直径が急激に小さくなった絞り部分はベンチュリーと呼ばれています。このベンチュリーで絞られた気圧は一次側より低くなり、圧力差を生じます。この一次側と二次側の圧力差により、切削油剤は拡散し、ミスト化します。このような原理でミストが発生しますが、その様子を**図 5-18** に示します。

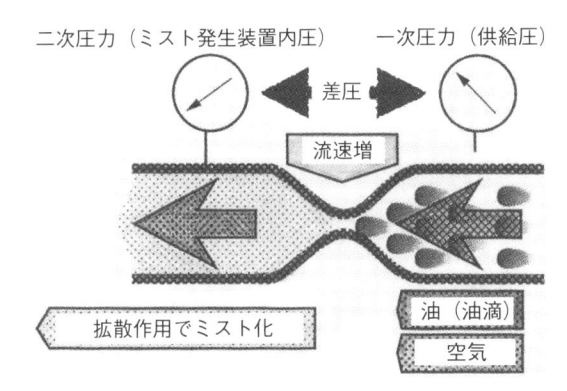

図 5-17　ミストの発生原理 （フジ BC 技研）

図 5-18　ミスト発生の様子 （フジ BC 技研）

また油と空気の混合方式には、図 5-19 に示すような外部混合と内部混合とがあります。外部混合は工作機械の主軸外部で油と空気を混合するもので、内部混合はその内部（通常、その先端部）でこれらを混合するものです。

（3） ミストの供給方法

図 5-20 に旋削加工におけるミストの供給方法を示します[13]。通常の切削工具を用いる場合は、流し給油と同様に、工具のすくい面側から、ノ

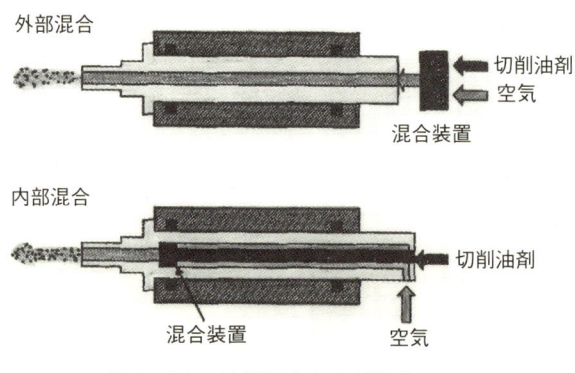

図 5-19　外部混合と内部混合 （稲崎）

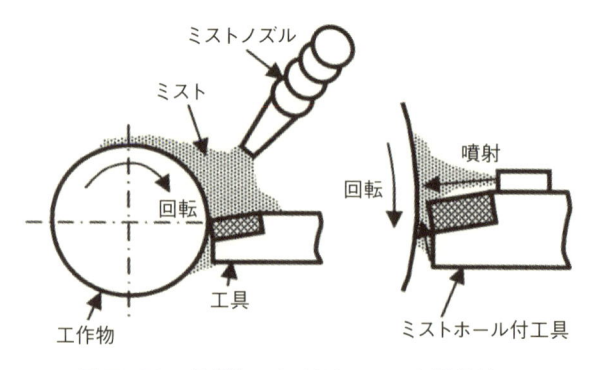

図 5-20　旋削加工におけるミスト供給法 （神）

ズルを用いてミストを供給します。また、ミストホール付工具の場合は、ミストがバイトのすくい面と逃げ面側から同時に供給されます（図5-31参照）。

また**図5-21**はフライス加工におけるミスト供給方法です[13]。通常のエンドミルやドリルの場合は、ノズルを用いた外部給油により、切削工具の近傍にミストを供給します。またミストホール付エンドミルやドリルの場合は、ミストがセンタスルーホルダを通って、工具の先端に供給されます（図5-33参照）。

（4） 切削油剤を用いたMQL

図5-22に切削油剤を用いたミスト供給法を示します。この場合、使用される切削油剤には油性のものと水性のものとがあります。油性切削油剤は、通常、生分解性のある植物油や合成エステルで、また水性切削油剤はミスト液の原液を20～30倍に希釈したものです。

これらの方法には、その目的が潤滑性重視か、あるいは冷却性重視かなどによって、それぞれ一長一短があるので、作業にあたってはこれらの特徴をよく理解しておくことが大切です。

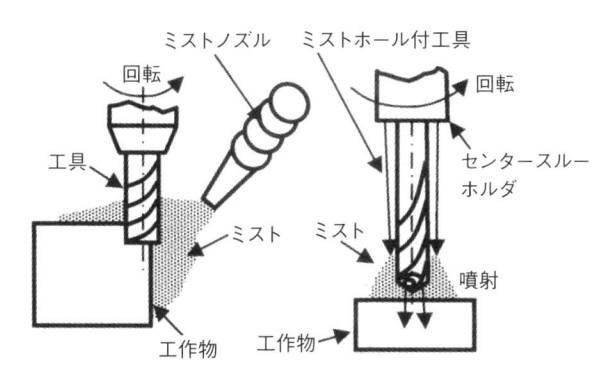

図5-21　フライス加工におけるミスト供給法（神）

（5） オイルミストを用いた MQL

通常の不水溶性切削油剤は鉱油が主で、また MQL 用のものは生分解性のある植物油や合成エステルなので、これらを区分けするために、後者を MQL オイルと呼ぶことにします。この MQL オイルの供給方法には、内部給油と外部給油とがあります。

① 外部給油装置

図 5-23 に外部給油装置の例を、また図 5-24 にその概要を示します[47]。この外部給油装置はノズル内で油剤と空気を混合するシンプルな構造をしています。そしてこの装置には、図 5-25 に示す各種ノズルを装着することができます[47]。

またこの外部給油装置には、機能性と低価格化を追求した非常に簡素な構造をしたものも市販されています（図 5-26）[49]。このように一口に、

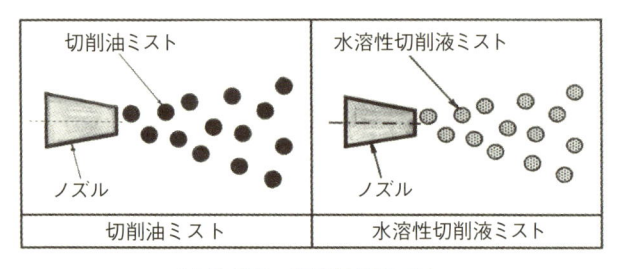

図 5-22　切削油剤ミスト

図 5-23　外部給油装置の例（フジ BC 技研）

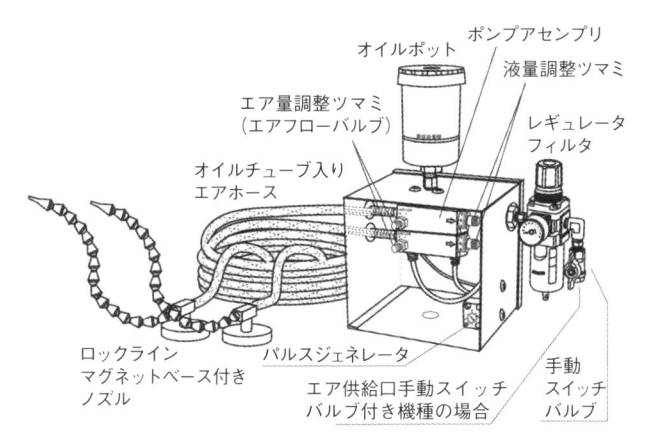

図 5-24　外部給油装置の概要（フジ BC 技研）

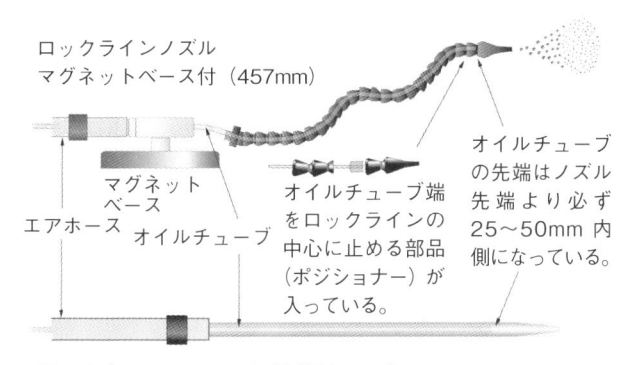

図 5-25　各種ノズルとその構成（フジ BC 技研）

外部給油装置といっても、その機能や価格など、いろいろな種類があるので、作業にあたってはそのニーズに合致したものを選択することが大切です。

② **内部給油装置**

図 5-27 に内部給油装置の例を示します[47]。この装置は、図 5-11 に示したスピンドルスルータイプなどのマシニングセンタや NC 旋盤などに

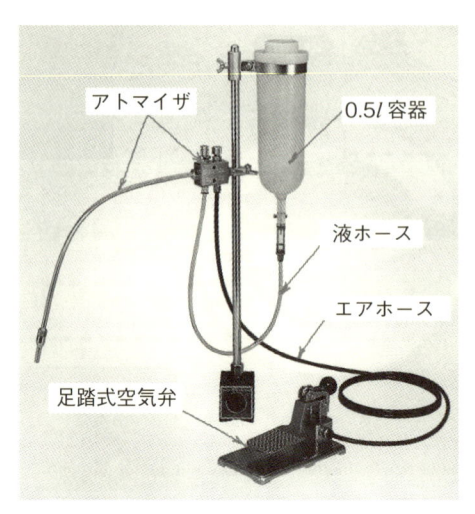

図 5-26　ミスト発生装置の構成　(扶桑精機)

図 5-27　内部給油装置の各部名称　(フジ BC 技研)

適用され、機械の配管を通してオイルミストを搬送し、ミストホール付切削工具の先端にそのミストを供給するものです。

図5-28にミスト発生装置の概要と、図5-29にそのセットアップの例を示します[47]。このような装置内部でミストを発生させますが、その油の粒子が大きいと、ミストを配管内に送り込んだときに、それが管の内壁に付着するという不都合が生じます。このような油の粒径の大きなミストはウェットミストと呼ばれており、MQLには不適です。そのためこの装置では、管の内壁に付着せず、またその長さの影響を受けにくい粒径1μm程度のドライミストが発生されるようになっています。

③ ミストホール付ホルダと切削工具

図5-30にミストホール付ホルダと切削工具の例を示します[48]。内部給油装置で発生したドライミスト（粒径が小さく、管の内壁に付着しにくいミスト）は、このミストホール付ホルダと切削工具（ドリル、エンド

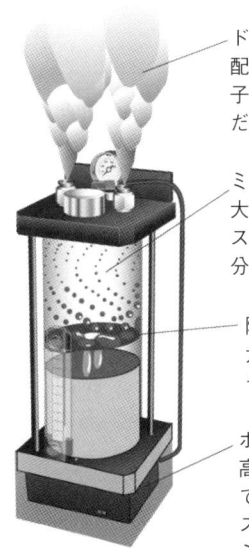

ドライミスト
配管に付着しにくい微粒子ミスト（ドライミスト）だけを取り出す。

ミスト発生室
大粒のミストと微粒子ミスト（ドライミスト）を分離する。

隔壁
大粒のミストは液化させてリザーバに戻す。

ポンプ
高性能ポンプを使用しているため、レスポンスがよく、常に最良のミストを作る

図5-28　ミスト発生装置の概要（フジBC技研）

ミル、およびタップなど）の穴を通って工具先端に供給されます。

また図5-31はミストホール付バイトの例です[47]。また、その構造は図5-32のようになっています。これらのバイトの場合には、シャンクにミストホールが設けられており、工具のすくい面と逃げ面の両方のノズルからオイルミストが供給されるようになっています。

④ **オイルミスト給油とその応用**

図5-33にオイルミスト内部給油の応用例を示します[47]。図は突っ切りバイトを用いて溝加工を、またドリルによる穴あけ加工を行っているところです。このように内部給油装置を設置し、既存の配管を利用すれば、

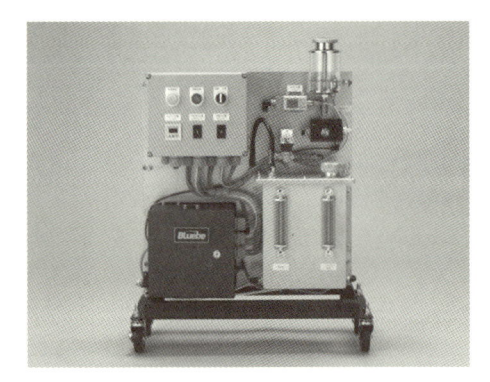

図5-29 内部給油装置のセットアップ（フジBC技研）

図5-30 オイルホール付ホルダと切削工具の例（カシワミルボーラ）

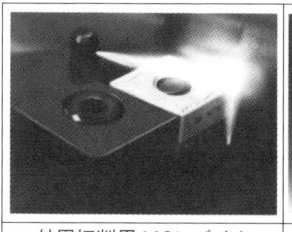

| 外周切削用 MQL バイト | 突切り用 MQL バイト |

図 5-31　MQL 対応切削工具（フジ BC 技研）

すくい面ノズル
塗布角度調整可能なノズル

後端側フィッティング取り付け例
くし歯型や汎用旋盤などに使用

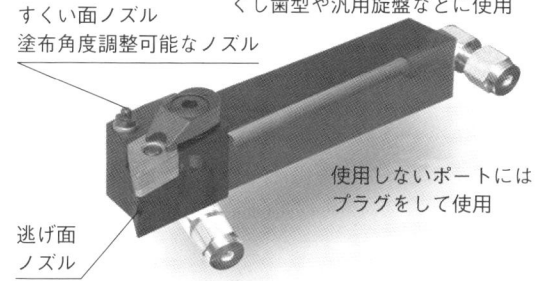

使用しないポートには
プラグをして使用

逃げ面
ノズル

底面側フィッティング取り付け例
Rc1/8 タレット型などに使用

図 5-32　ミスト穴付バイトの概要（フジ BC 技研）

| ミストホール付バイト | ミストホール付工具 |

図 5-33　内部給油の例（フジ BC 技研）

第5章 ● 切削油剤の供給方法

旋盤（ターニングセンタ）やフライス盤（マシニングセンタ）によるセミドライ切削（極微量潤滑切削）が可能になります。

また、図 5-34 にオイルミスト外部給油の応用例を示します[47]。この場合は、丸ノコ切断機、バンドソーおよびフライス盤への適用例です。このように、外部給油装置は各種工作機械への適用が容易に行えるという利点があります。

次にオイルミスト給油を適用した例として、図 5-35 にクランクシャフトの穴あけ加工（内部給油）および金型加工（外部給油）を示します[47]。このように、オイルミストを用いれば、切削点近傍に油剤が効率よく供給されるので、高精度で、かつ仕上げ面性状の良好な切削加工が

| 丸ノコ切断機 | バンドソー | フライス盤 |

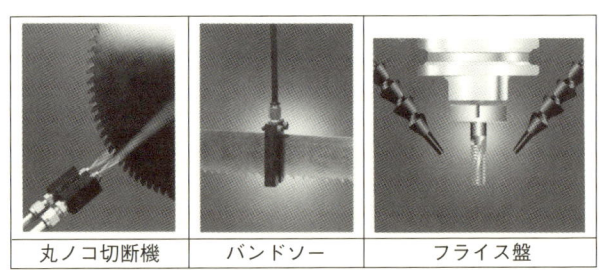

図 5-34　外部給油の例（フジ BC 技研）

| クランクシャフト穴あけ加工 | 金型加工 |

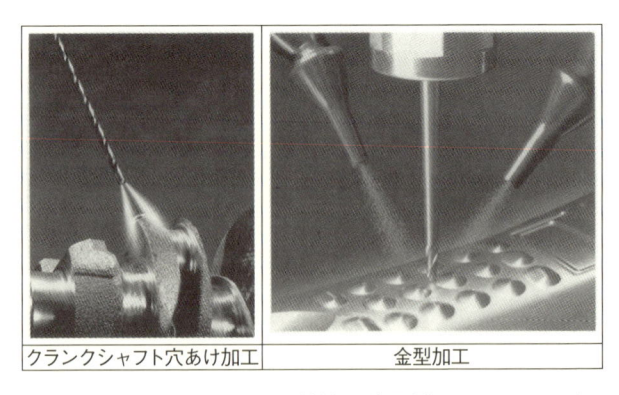

図 5-35　オイルミスト給油の適用例（フジ BC 技研）

行えます。

⑤ 外部給油装置の設置例

図 5-36 に外部給油装置をマシニングセンタに設置した例を示します[49]。また、この外部給油装置を旋削加工（図 5-37）、穴あけ加工（図 5-38）およびタッピング（図 5-39）に適用した例を示します。そして、図 5-40 はこの装置を多数のボール盤に設置した例です[49]。

このように外部給油装置を各種工作機械に設置すれば、安価に、かつ簡便にオイルミストを用いたセミドライ加工が行えます。

⑥ オイルミストを用いた MQL とその特性

図 5-41 は高硬度材を超硬エンドミルで切削した場合の各種給油法と工具摩耗（逃げ面摩耗）との関連を示したものです[14]。図において、ドライとクーラント給油の場合は工具摩耗が大きく、そしてオイルミスト給油の場合は小さいことが分かります。

また同様に、ボールエンドミルで切削したときの工具摩耗をオイルミ

図 5-36　マシニングセンタへの適用例 (扶桑精機)

図 5-37　旋削加工への応用 (扶桑精機)

図 5-38　穴あけ加工への適用 (扶桑精機)

> **一口メモ**　　生分解オイル
>
> 　炭素、水素、酵素などで構成されている生分解オイルは、微生物の働きにより分解されて、二酸化炭素（炭酸ガス）と水になります。

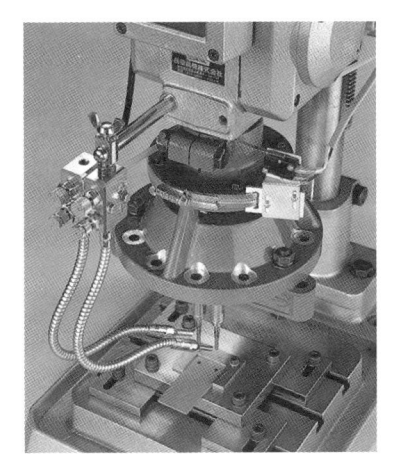

図 5-39　タッピングへの適用（扶桑精機）

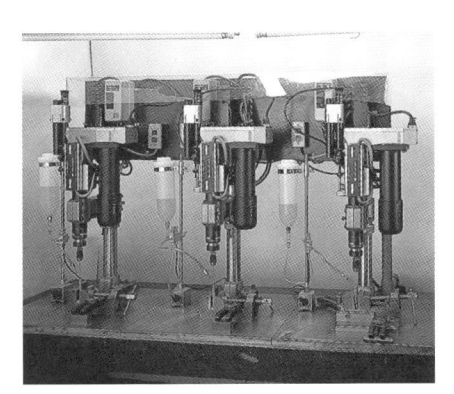

図 5-40　穴あけ加工への適用（扶桑精機）

>―ロメモ　ウェットミスト
> 　粒径が大きく、配管内を通過するときに、その内壁に付着するミストを言います。

第5章 ● 切削油剤の供給方法

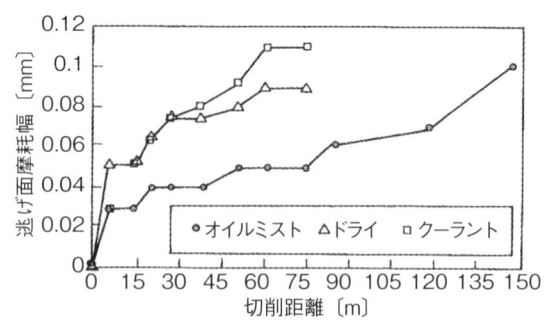

被削材 SKD11 62.5HRC 超硬エンドミルφ10mm
$V_c=30$m/min, $f_c=214$mm/min, $A_d=15$, $R_d=0.2$

図 5-41 高硬度材のエンドミル切削 （フジBC技研）

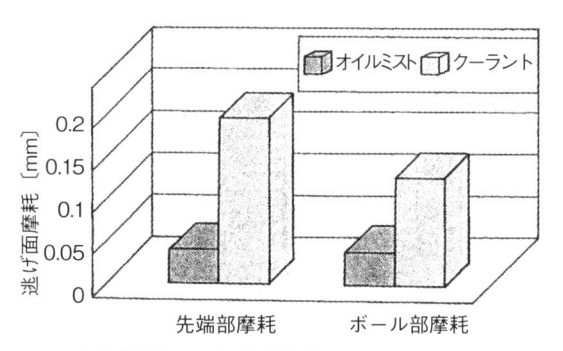

定量使用後の工具摩耗比較
被削材 HPM1，超硬ボールエンドミル R3X6
$V_c=140$m/min, $f_c=2,000$mm/min, $A_d=1.0$, $R_d=0.5$

図 5-42 ボールエンドミル切削時の摩耗特性 （フジBC技研）

ストとクーラント給油の場合に比較したのが**図 5-42** です[14]。クーラント給油と比較して、オイルミストの場合は工具摩耗が非常に小さくなっています。

このように潤滑効果という点では、ドライやクーラント給油と比較して、オイルミスト給油の方が優れていると言えます。

また、オイルミストを用いた切削加工の場合には、**図 5-43** に示すよ

図 5-43　切りくずはすぐに再利用 （フジ BC 技研）

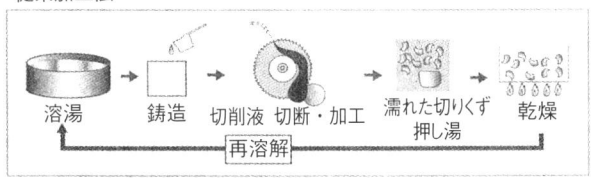

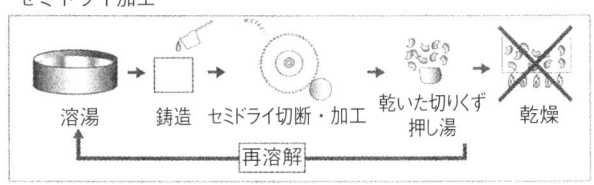

図 5-44　切りくずのリサイクル （フジ BC 技研）

うに、切りくずがドライ化します。そのため、通常必要とされる乾燥工程なしに、そのままで切りくずの再利用が可能であるという利点があります（**図 5-44**）[15]。また、切りくずが細かく分断される（**図 5-45**）ので、ドリルを用いた穴あけ加工などにおいては、それらの切りくずの排出が容易になります。このように、切削時に切りくずが細かく分断されることは、その排出が困難な小径あるいはロングドリルを用いた深穴あけ加工において、とくに有効であると言えます。

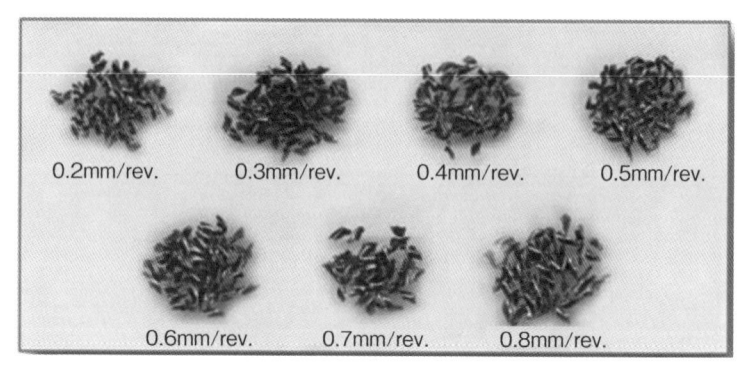

図 5-45　MQL 加工時の切りくず（フジ BC 技研）

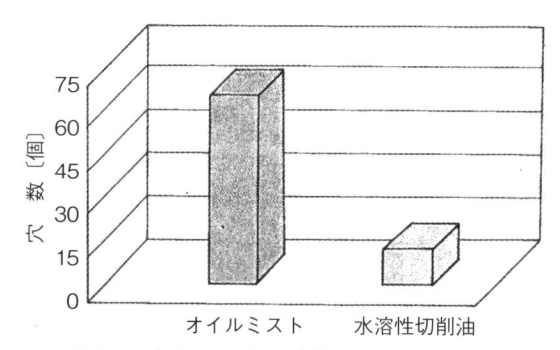

ドリル 1 本当たりの加工穴数
被削材 SKD61, φ0.5mm ドリル, V_c=18.8m/min,
f_c=79mm/min, 深さ 5mm, 0.05mm に 1 回ステップ

図 5-46　小径ドリルによる穴あけ加工時の工具寿命（フジ BC 技研）

　図 5-46 にダイス鋼を直径 0.5 mm の小径ドリルで穴あけ加工したときの給油法が工具寿命に与える影響を示します[16]。水溶性切削油剤の通常給油の場合は、加工穴数が少なく、オイルミスト給油の場合は非常に多いことが分かります。このように、切削油剤が穴の内部まで浸透しにくい小径深穴あけ加工などにオイルミスト給油を用いると、工具寿命が非常に長くなります。
　また、図 5-47 にロングドリルを用いた深穴あけ加工例を示します[60]。

| MQL パワーセル | ロングドリルによる穴あけ加工 |

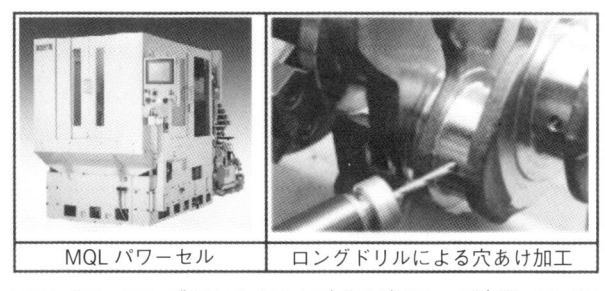

図5-47 ロングドリルによる穴あけ加工への適用 (不二越)

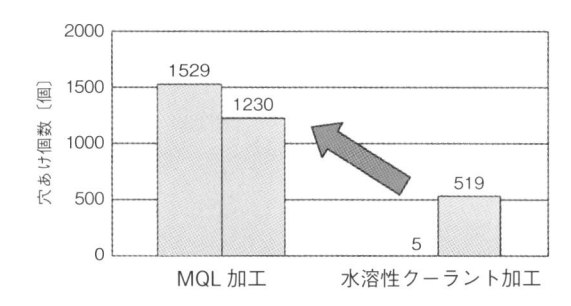

図5-48 MQL加工の有効性 (不二越)

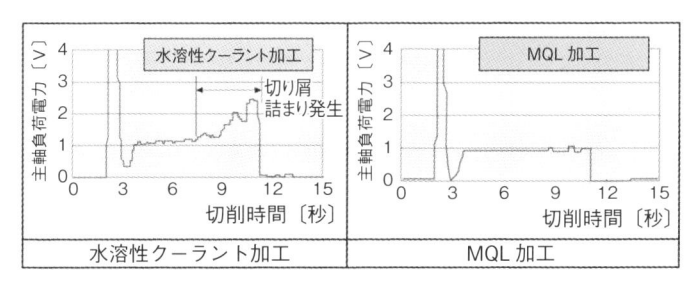

（棒グラフ：穴あけ個数〔個〕 MQL加工 1529、1230、水溶性クーラント加工 519、5）

図5-49 水溶性クーラント加工とMQL加工時の電力比較 (不二越)

そして**図5-48**は水溶性クーラント給油とオイルミストを用いたMQLの加工性能を比較した例です。水溶性クーラント給油と比較し、オイルミストによるMQLの場合は、穴あけ個数が大幅に増大しています。また、**図5-49**にそのときの主軸負荷電力の違いを示しますが、水溶性クーラ

ント給油の場合は、主軸負荷電力が急激に増大するのが分かります。これは、切りくずの詰まりに起因するものです。一方、オイルミストを用いた MQL の場合は、電力負荷が一定で安定しています。すなわちこのことは、オイルミスト給油の場合は、深穴あけ加工においても切りくずが詰まらずに、良好に排出されていることを示しています。

　また、通常給油とオイルミスト給油の特性を比較したのが**表 5-2** です。オイルミスト給油の場合は、寸法精度や仕上げ面性状が良好で、かつ加工中の発煙も見られず、そして工作物や切りくずもドライ化するという特徴があります。これらのことは、通常の流し給油と比較し、大きな利点と言えましょう。ただし、切削時におけるオイルミストの飛散という問題が生じる場合もあるので、その対策をしっかりと行うことが大切です。

（6） オイルミスト給油装置とそのシステム化

　図 5-50 に従来の給油法とオイルミスト給油法の比較を示します[51]。従

表 5-2　通常給油と油ミスト給油の特性比較 （扶桑精機）

	油ミスト給油	流し給油	冷風装置
仕上げ面	○光沢あり	○光沢あり	×梨地状態
加工中の発煙 加工後の温度	○なし ○手で持てる程度	○なし ○手で持てる程度	○なし ○手で持てる程度
加工後の工作物	○ほとんど乾燥状態	×油まみれ	○乾燥状態

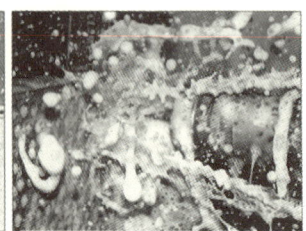

MQL 切削　　　　　　従来技術（湿式切削）

図 5-50　湿式切削と MQL 切削 （ホーコス）

来の給油法の場合は、切削油剤が大量に切削工具に供給されますが、オイルミストの場合は油剤が供給されているか否かほとんど識別ができません。

通常、工作機械で消費されるエネルギーの約50%が切削油剤に関連したものと言われています。そのためCO_2対策という意味では、この切削油剤に関連した電力消費量を削減することが重要で、このような目的でオイルミスト供給装置を搭載した工作機械の開発が進んでいます。

① iMQL システムとは

図5-51に主軸内部ミキシング装置の概要を示します[51]。この主軸内部ミキシング方式は、iMQL システムと呼ばれています。すなわち、MQLに内部ミキシングの inner を付けたものです。この内部ミキシング装置において、切削油剤（生分解性エステル）は、液体のまま、主軸先端部まで送られ、先端部に設けたミキシング装置で、この油剤と圧縮空気が混合されます。そして、ミストホール付工具ホルダと切削工具の軸心を通って、オイルミストがその刃先に供給されます。

図5-52に穴あけ加工時に必要なドリルの潤滑部分を示します[52]。穴あけ加工時には、ドリルの刃先近傍、外周切れ刃とその溝部分、穴の内壁や切りくずなどに切削油剤を適切に供給する必要があります。そして、これらの箇所に安定した油膜を形成することが大切です。この iMQL の場合には、2 MPa 以上の高圧クーラントを主軸、ホルダおよび切削工具の軸心を通して供給することにより、これらの潤滑と切りくずの排出を効果的に行うことが可能になっています。

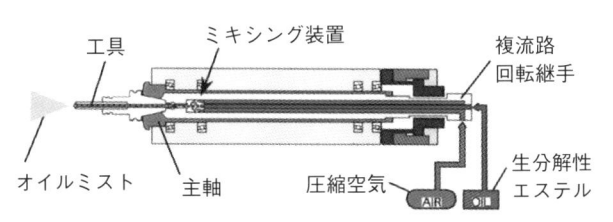

図5-51 主軸内部ミキシング装置の概要（ホーコス）

図5-53に主軸内部ミキシングシステムの構成を示します。工作機械の主軸内を切削油剤をミストで通過させると、その回転による遠心力で、そのミストが分離してしまいます。このミストの遠心分離をなくすために、iMQLの場合は、切削油剤を、液体のまま、主軸の先端まで搬送しています。そして、この切削油剤の供給量をデジタル制御して、作業目的に応じて適切な油量を供給することを可能にしています。

② iMQL対応工具ホルダ

図5-54に従来の工具ホルダとiMQL対応のものを比較しています[51]。従来の工具ホルダには、内部に空間が設けられています。オイルミスト

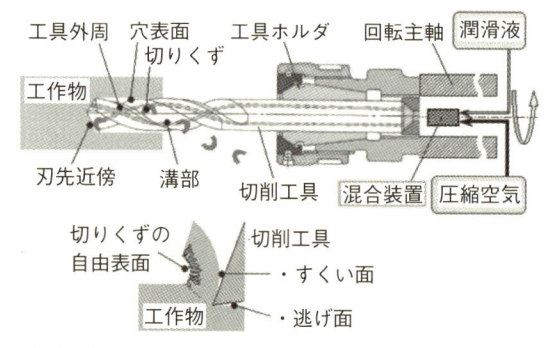

図5-52 潤滑が必要な穴あけ加工部位（ホーコス）

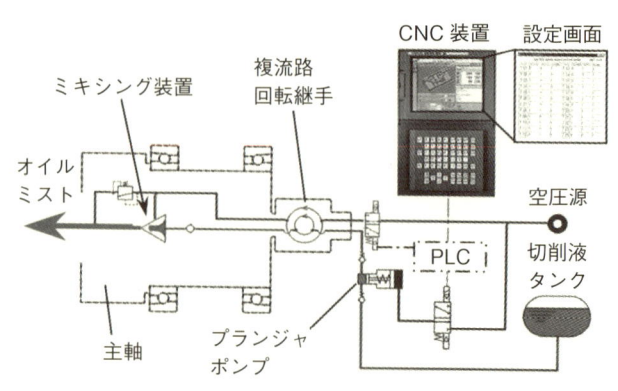

図5-53 主軸内部ミキシングシステムの構成（ホーコス）

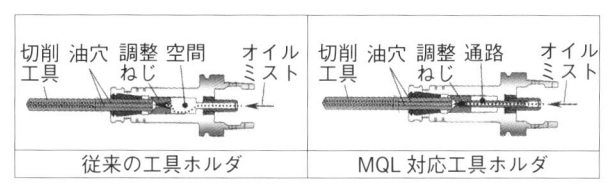

図 5-54　MQL 対応工具ホルダ（ホーコス）

の搬送経路にこのような広い空間があると、ミストの遠心分離が生じやすく、工具先端へのその供給が阻害されるという不都合があります。そのため、iMQL 対応の工具ホルダでは、このような空間が取り除かれ、同一断面積の搬送経路が設けられています。このようなミストの搬送経路により、その遠心分離が防止され、効率のよいミスト供給が行われます。

③　iMQL 搭載工作機械とその特徴

従来の工作機械の場合は、切削油剤を切削工具近傍に大量に供給するため、オイルタンク、温調器、フィルタおよびオイルポンプなど多くの装置が設置されています（図 5-55）。そして、工作機械で加工に消費されるエネルギーの約 50% がこれら切削油剤に関連したものとなっています。通常給油の工作機械を iMQL システム搭載のものに置き換えると、これらの装置のほとんどが不要になり、省電力であるとともに、省スペースとなります（図 5-56）。また図 5-57 は従来の工作機械と iMQL 対応機械の切削油剤の搬送効率を比較したものですが、iMQL 対応の工作機械の場合は、切削油剤の搬送効率も非常に高いことが分かります[51]。

このように、オイルミストを用いた MQL 加工の場合は、工作物や切りくずがドライ化するので、廃液がほとんどなくなり、環境負荷が低減します。そして、加工後の工作物の洗浄工程が不要となり、また切りくずのドライ化によりその搬送装置も簡便になるという利点があります。反面、オイルミストの飛散を防止するため、機械全体をカバーするとともに、ミストコレクタの設置も必要と思われます。そのため今後、環境対策が重要になるにつれ、切削加工のセミドライ化とともに、オイルミ

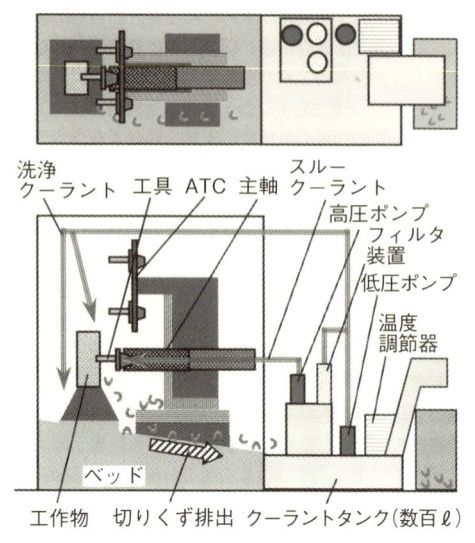

図 5-55　従来の工作機械の構成例（ホーコス）

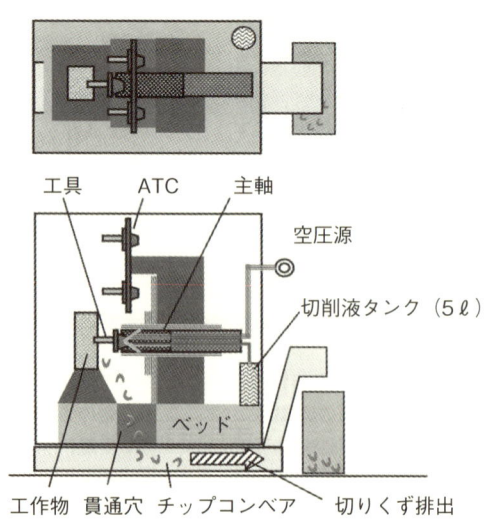

図 5-56　主軸内部ミキシング装置搭載工作機械の構成（ホーコス）

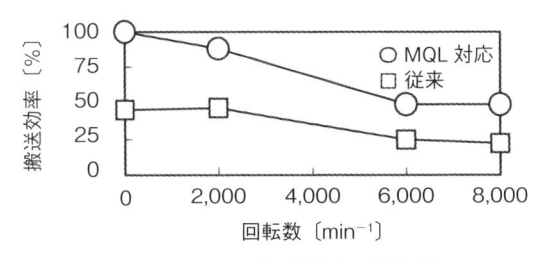

図 5-57 オイルミスト搬送効率の測定例（ホーコス）

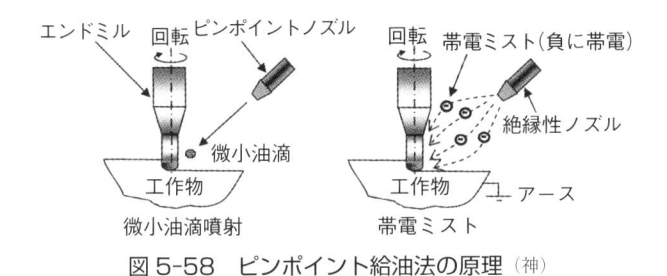

図 5-58 ピンポイント給油法の原理（神）

ストの飛散のない MQL 対応工作機械の開発も進むと予想されます。

（7） ピンポイント給油法とは

オイルミストを用いた MQL の場合は、油剤の飛散という問題があります。そこで極少量の油を有効に切削点に供給しようという試みがなされています。この方法は、ピンポイント給油法と呼ばれています。**図 5-58** にピンポイント給油法の原理を示します[13]。まず、微小油滴をピンポイントノズルから切削点近傍に噴射します。そしてその油滴を負に帯電し、また工作物をアースとすれば、その帯電ミストは切削工具に誘引されます。そのため、オイルミスト給油の場合であっても、そのミストが飛散しないことになります。

図 5-59 はオイルミストを用いた従来の MQL と、油滴を負に帯電した静電塗油法の特性の違いを示したものです[13]。従来の MQL の場合は、通

常、オイルミストが飛散しますが、油滴を負に帯電する静電塗油法の場合は、帯電ミストが切削工具に誘引されるので、その飛散がほとんどなく、効率のよい給油が可能になるという利点があります。

図5-60に静電塗油法の事例を示します。図において、ノズルから噴射された帯電オイルミストが直線的にエンドミルの方向に誘引されていることが認められます。このように静電塗油法を用いれば、オイルミストの飛散が防止され、より効率のよいMQLが可能になると思われます。今後の実用化が期待されています。

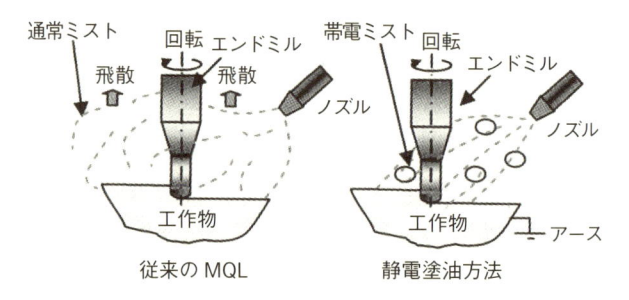

図5-59　従来のMQLと静電塗油法の特性比較（神）

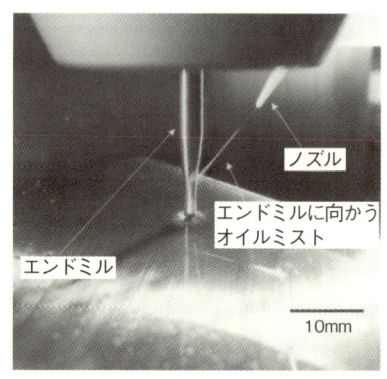

図5-60　静電塗油方法の事例（神）

(8) 水溶性切削油剤ミストによる MQL

前述のように、オイルミストを用いた MQL が潤滑性重視の高精度・高品質切削加工を、また水溶性切削油剤ミストを用いたものは冷却性重視の重切削・高能率加工を目的としていると言えそうです。そのため同じミスト加工でも、その作業目的が異なるので、その適用にあたっては注意が必要です。

図 5-61 に水溶性切削油剤ミスト給油の効果を示します[53]。この場合、使用する水溶性切削油剤は、ミスト原液を 20 〜 30 倍に希釈したもので、ミスト発生装置内で作られます。この水溶性ミストを高推力の空気圧（0.3 〜 0.5 MPa）で切削点近傍に送り込むと、そのミストが工作物と切削工具の間隙に入り込み、潤滑作用と冷却作用を効果的に行います。とくに水溶性ミストは瞬時に気化するので、切削点の発熱を抑制する効果の点で優れています。そのため、水溶性ミストを用いた切削加工は、刃先の温度上昇が著しい重切削や深穴あけ加工にとくに適していると言えます。

図 5-62 に水溶性ミストを用いた MQL 加工の例を示します[53]。図は旋削加工と穴あけ加工に水溶性ミストを適用したものです。通常のクーラント（冷却液）給油の場合は、切削工具が高速で回転しているので、その遠心力の影響で、液が飛散し、なかなか工作物と切削工具間にその液

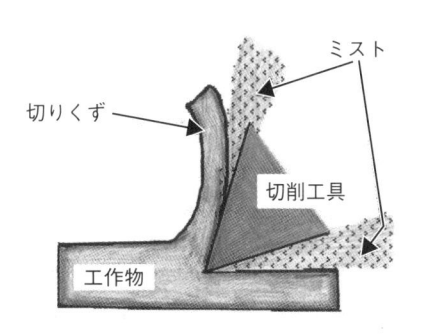

図 5-61　MQL の効果（クールテック）

が届きにくくなっています。また切削点の発熱は、クーラント液の熱伝導によって、間接的に冷却されるので、瞬時に気化するミストに比較し、その冷却性能が劣ります。そのため、高能率加工を目的とする場合には、冷却作用の大きな水溶性ミストを用いた方が得策と言えます。

図 5-63 に、水溶性ミスト給油を用いたドリルの穴あけ加工例を示します[53]。スピンドルスルーの超硬ドリル（直径 19.7 mm）を用いて、水溶性切削液（0.7 MPa）と水溶性ミスト（0.3 MPa）を用いて穴あけ加工したときの切りくず形状比較すると、水溶性切削油剤の場合は切りくずが長く、また水溶性ミストの場合は短くなっています。また、水溶性切削油剤の場合は、切削速度が 84 m/min で、送りが 0.2 mm/rev であるの

図 5-62　水溶性切削油剤ミストの適用例（クールテック）

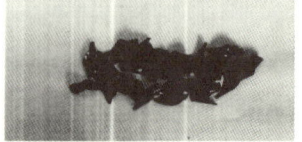

図 5-63　水溶性切削油剤ミスト切削の有効性（クールテック）

に対し、水溶性ミストの場合は、それぞれ120 m/minで、0.35 mm/revとなっており、水溶性ミストを用いた方が、切りくずの排出がよく、高能率加工が可能であることが分かります。

また図5-64は水溶性ミストの発生装置を工作機械に設置した例です[53]。このように小型の水溶性ミスト発生装置を用いれば、少しの改造でそれを工作機械に設置することができるので、比較的簡単に水溶性ミスト給油を用いたMQL加工が可能であると言えます。

(9) 水性ミストを用いたMQL

図5-65に水性ミストを用いたMQLを示します。水性ミストを用いる方法には、油膜付水滴を用いる方法と水と油の混合ミストを用いる方法とがあります。なお、前述のように、油膜付水滴はその大きさがミスト(径の小さな水滴)とは異なりますが、便宜上、ここでは水ミストとして分類してあります。

図5-64 工作機械への水溶性切削油剤ミスト装置搭載例（クールテック）

（10） 油膜付水滴加工法とは

　油膜付水滴加工法は、OoW とも言われ、Oil on Water の略です。図 5-66 に油膜付水滴加工法の原理を示します[54]。この方法は、特殊なノズルで水滴（100 μm ～ 200 μm）の表面に 1,000 Å 程度の微量な油膜を形成し、その水滴を 0.2 MPa の空気圧で、加工部位に供給し、潤滑と冷却を同時に行いながら加工するものです。この水滴はミストと比較し、慣性が大きいので、工作物や切削工具に付着しやすいという特徴があります。そして通常、油と水の比率は 1：100 で、潤滑油には生分解性エステル系のものが使用されています。

　図 5-67 に油膜付水滴給油装置をマシニングセンタと NC 旋盤に設置した例を、また図 5-68 に微量油膜付水滴加工の例を示します[54]。この場合は、外部給油により、エンドミル加工を行っています。また図 5-69 に直径 3 mm のオイルホール付ドリルを用いた穴あけ加工例を示します[54]。この場合は、工作物はアルミニウムで、加工深さは 60 mm（アスペクト比：20）です。また回転数は 12,000 min^{-1}（rpm）で、送りは

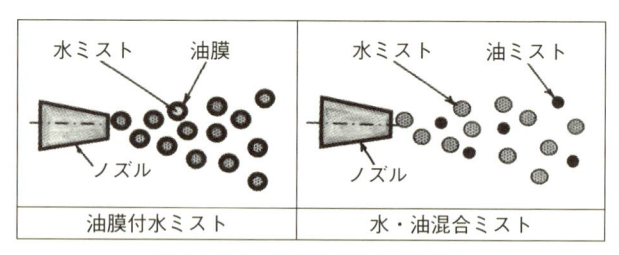

図 5-65　複合ミスト切削加工

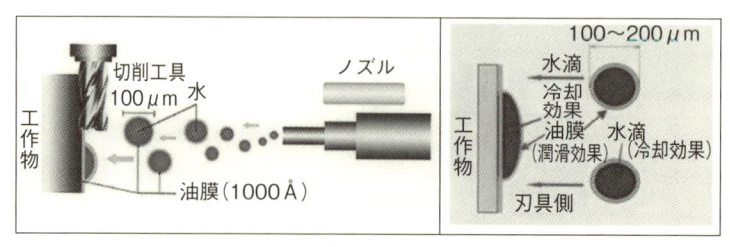

図 5-66　油膜付水滴加工法（大同メタル工業）

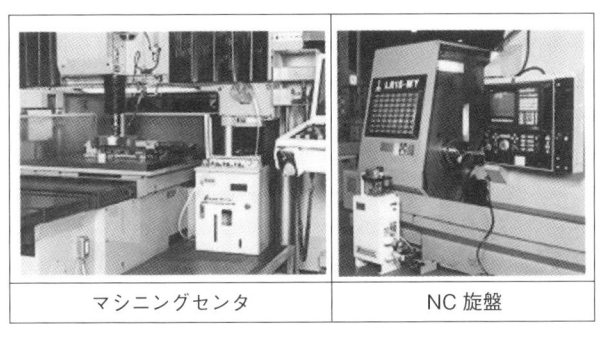

図 5-67　微量油膜付水滴加工法適用事例（大同メタル）

図 5-68　微量油膜付水滴加工の例（大同メタル）

2,400 mm/min です。この油膜付水滴加工法を用いれば、穴加工数 3,000 個以上でも、溶着することなく、高速、高送りの 1 ステップ加工が可能になっています。またこの方法は、通常、困難とされる小径深穴あけ加工への適用も可能という利点もあります。

（11）水・油混合ミストによる MQL

図 5-70 にオイルミストと水・油混合ミストシステムの違いを示します[46]。通常のオイルミストシステムの場合は、油を圧縮空気でミスト化し、それを配管を通して、工作機械に供給します。一方、この水・油混合ミストシステムは、エコレグシステムと呼ばれており、油（潤滑油）、水および空気を、それぞれ別々の管で搬送し、工作機械に設置したノズ

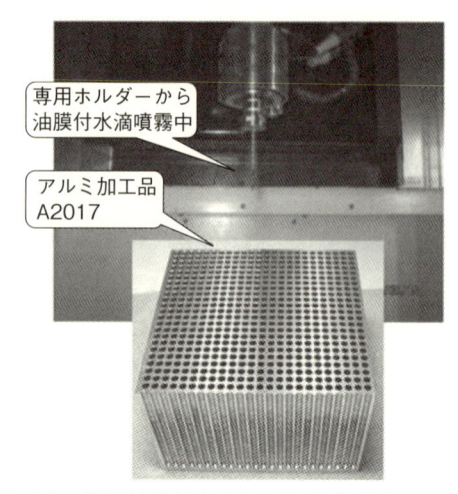

図5-69 微量油膜付水滴加工法実験結果（大同メタル）

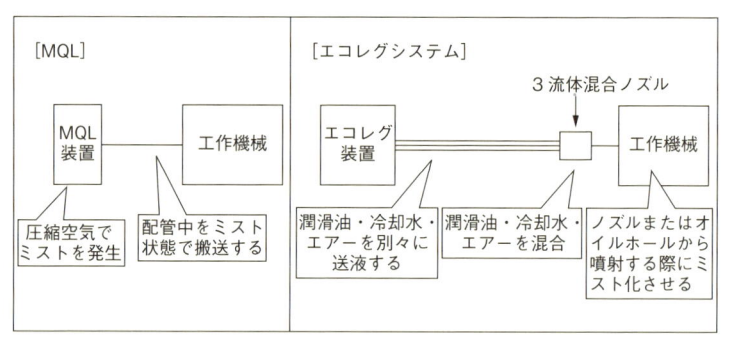

図5-70 オイルミストと（水・油）混合ミストシステムの差異（日本スピードショア）

ルまたはオイルホールから噴射する際に、これらをミスト化するものです（**図5-71**)[17]。

　この水・油混合ミストによるMQLの特性モデルを**図5-72**に示します[46]。通常給油の場合は、切削工具、あるいは工作物の高速回転による遠心力で、切削油剤の液が吹き飛ばされ、なかなか油剤が工具の刃先に

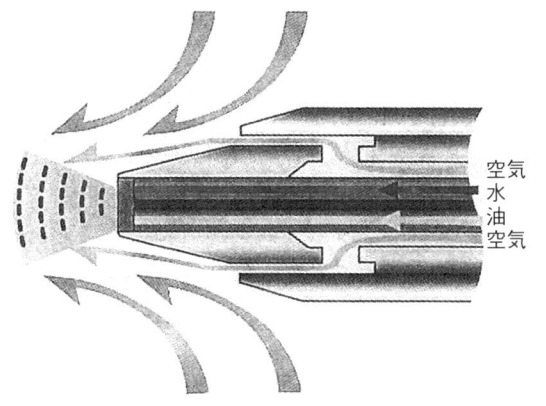

図5-71　水・油混合ミストノズル（ハクスイテック）

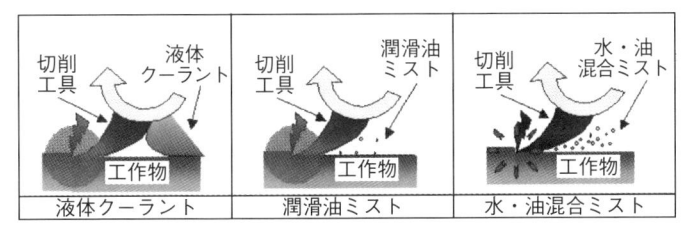

図5-72　（水・油）混合ミスト切削の特性モデル（日本スピードショア）

届きません。またオイルミストの場合は、遠心力の影響なしに、そのミストが刃先に到達し、優れた潤滑効果を示します。そのため高精度で表面性状の良好な加工に適していますが、冷却作用が多少低いので、必ずしも発熱量の大きな重切削・高能率加工には適しているとは言えません。

一方、水・油混合ミストの場合は、オイルミストの潤滑効果と、水ミストの冷却効果とにより、高精度・高品質加工と高能率加工の両方を兼ね備えた高い切削性能が得られることになります。

図5-73に水・油混合ミストによるMQLの例を示します。また図5-74に2液混合ミスト加工の特性を示します[46]。

| 混合液噴射 | ミスト加工 |

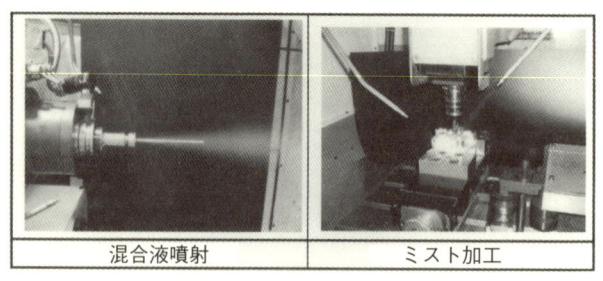

図5-73 （水・油）混合液ミスト加工法適用事例 （日本スピードショア）

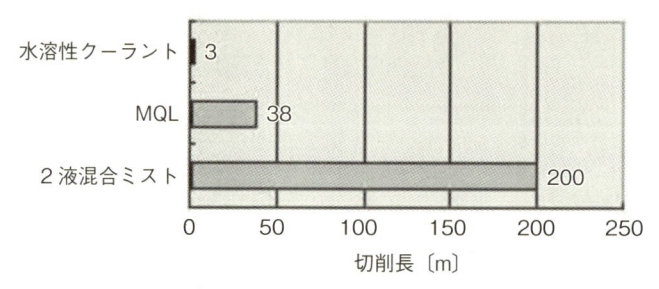

図5-74 ２液混合ミスト切削の有効性 （日本スピードショア）

- 水溶性クーラント: 3
- MQL: 38
- ２液混合ミスト: 200

切削長〔m〕

　これは、直径8mmで、6枚刃の超硬コーティングエンドミルを用い、SKD11（焼入れ材、HRC62）の工作物を、切削速度75 m/minで、送り1,400 mm/minで切削したときの切削長さ（工具寿命）を比較したものです。ただし、Z軸方向の切込みは5.2 mmで、XY方向の切込みは0.2 mmです。

　水溶性のクーラント給油を用いた場合は、切削長さ（工具寿命）が非常に短く、またオイルミスト給油を用いたMQLの場合も、38 mとそれほど長くはありません。一方、混合ミスト給油を用いた場合は、切削長さが200 mで、工具寿命が非常に長いことが分かります。このように混合ミストを用いれば、潤滑作用と冷却作用が同時に得られるので、高硬度材の切削であっても、高い切削性能を示すと言えます。

また、**図 5-75** にこの混合ミスト給油を小径穴あけ加工に適用した例を示します[46]。ここでは、直径 3 mm のオイルホール付超硬ドリルを用いて、切削速度を 75 m/min、送りを 0.2 mm/rev で、深さ 15 mm（アスペクト比：5) 切削したときの工具摩耗を示しています。この条件下で混合ミストを用いれば、4,000 穴の加工が可能になっています。このように、切りくずの排出が悪く、またドリル先端が加熱しやすい小径深穴あけ加工には、潤滑性と冷却性を兼ね備えた混合ミストによる MQL が有効であることが分かります[45]。

使用工具と切削条件	ドリルの工具摩耗
○使用工具 　工具名　　モデル名　　メーカー 　φ3 超硬ドリル　PMDW03MHK　住友 　オイルホール付き ○加工条件 　回転数 rpm　送り速度　　加工深さ 　（m/min）　（mm/min,　（mm） 　　　　　　　rev/min） 　8,000（75）　1,600（0.2）　15mm（5×D） ＊工作物は S45C 　ミストは主軸スルーのみ使用	新ドリル刃先 4000 穴加工後刃先

図 5-75　（油・水）混合ミスト加工試験結果例（日本スピードショア）

一口メモ　　エコマシニングとは

エコマシニングとは、環境対応切削・研削加工技術のことで、大量の切削・研削油剤を用いないで加工する環境に優しい加工方法です。この方法には、切削油剤を全く用いないドライ加工、極微量の切削油剤を用いるセミドライ加工、そして切削油剤や切りくずを回収し、再利用する切削油剤や切りくずの処理法などがあります。

第 5 章 ● 切削油剤の供給方法

5-3 ● 冷風切削加工

　切削油剤の代わりに、冷却した空気を切削点に吹きかけ、加工する冷風切削が行われています。**図 5-76** に冷風切削の概要を示します[55]。この場合は旋盤を用い、冷却した空気をノズルで切削点近傍に吹きかけることにより、冷風切削を行うものです。

　図 5-77 にコーテッド超硬工具を用いてクロムモリブデン鋼を旋削したときの冷風切削の有効性を検討した結果を示します[18]。図よりドライ切削が最も工具寿命が短く、その次に油剤とMQL旋削で、冷風切削が最も長くなっています。

　このように冷却効果という点では、冷風切削が非常に有効であることが分かります。しかしながら、冷風を作るのに大がかりな装置が必要で、また電力消費量も大きいという不都合もあります。CO_2対策に関連し、今後、これらの点がどのように改善されるのか注目されます。

図 5-76　冷風切削（協和製作所）

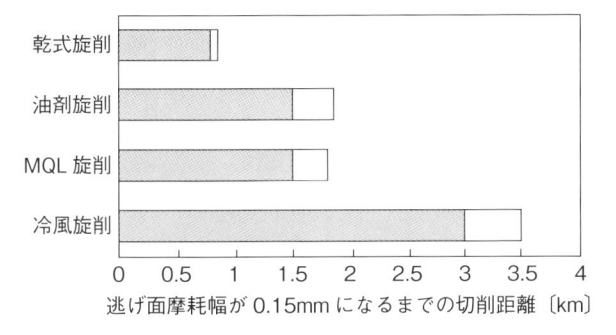

〈実験条件〉
切削速度：500m/min，切り込み量：1mm，送り速度：0.2mm/rev，チップ形状：SNMG 120404 コーテッド超硬合金，バイト：PSBNR2525M12，横切れ刃角：15°，工作物：SCM435（255HB）

〈油剤条件〉
ソリューブルタイプ 20ℓ/min

〈MQL 条件〉
植物性油 20ml，+20℃，0.25 Nm³/min

〈冷風条件〉
-40℃，0.1Nm³/min，加工点圧力 0.3MPa

図 5-77　冷風切削特性（横川）

――一口メモ　　焼結体工具の活用――

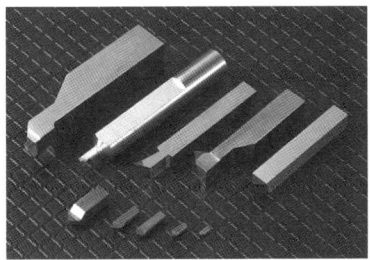

（アイゼン）

　CBN 焼結体工具は、耐熱性に優れているので、焼入れ鋼材などのドライ切削に適用できます。またダイヤモンド焼結体工具は、Si 入りアルミニウムや FRP（繊維強化プラスチック）などの切削に威力を発揮します。このような焼結体工具を用いれば、難削材の加工も容易になります。

5-4●研削加工と研削油剤の供給法

（1） 空気遮断板を利用した給油

図 5-78 に示すように、高速で回転する研削といしの周りには空気流が連れ回りしています。そのため、通常の流し給油では、その空気流が邪魔（じゃま）してなかなか研削油剤が研削点に到達しません。そのため、この空気流を遮断して効果的に研削油剤を研削点近傍に供給する方法が行われています。

図 5-79 に円筒研削盤のカバーに空気遮断板を取り付け、空気流を遮断する方法を示します。この方法は遮断板で空気流を遮断した後、研削油剤をノズルで供給するもので、比較的、簡便で、有効な方法です。

また図 5-80 は平面研削盤の場合で、遮断板により空気を遮断した後、研削油剤を研削点近傍に供給する方法です。この場合には、遮断板の反対側に研削といし洗浄用のノズルを設置し、研削油剤をその外周面に高圧で吹き付けることにより、目づまりを防止しています。

そして図 5-81 はフローティングノズルにより研削油剤を供給する方法です。この方法は、ノズルより吐出する研削液の圧力を制御することにより、といしとノズル間にわずかな隙間（0～0.1 mm）をもたせ、連れ周りする空気流を遮断しながら、研削液を供給するものです[19]。この

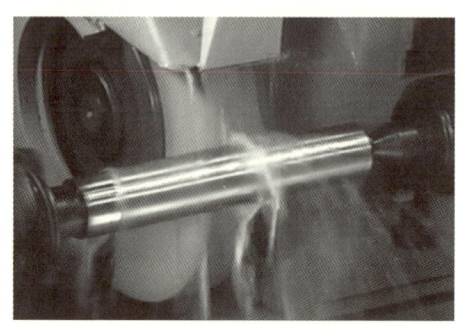

図 5-78　円筒研削と研削油剤の供給

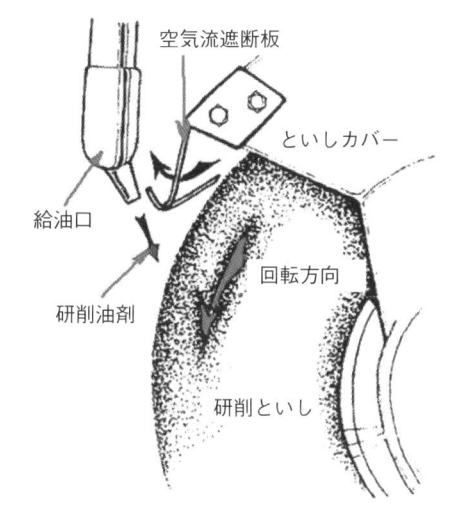

図 5-79　空気流遮断板（重松）

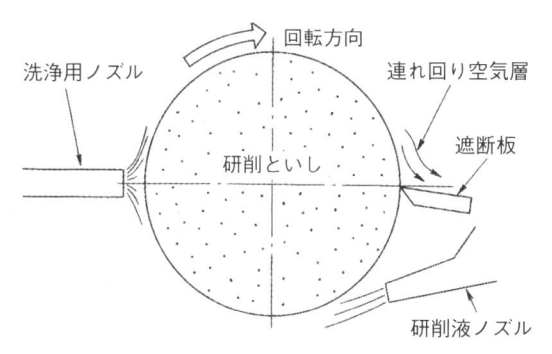

図 5-80　平面研削盤における研削液の供給法

方法は、ノズル位置が自動調整されるので、簡便で、研削液の供給量が少なくてすむなどの利点があります。

また**図 5-82**はフレキシブルシートを用いた導液研削法です。この方法は、といし外周面に近接してノズルを設置し、空気流を遮断するとともに、フレキシブルシートにより、研削液をといし面に巻き付けながら、その研削液を研削点に効率よく供給するものです。この方法は簡便で、

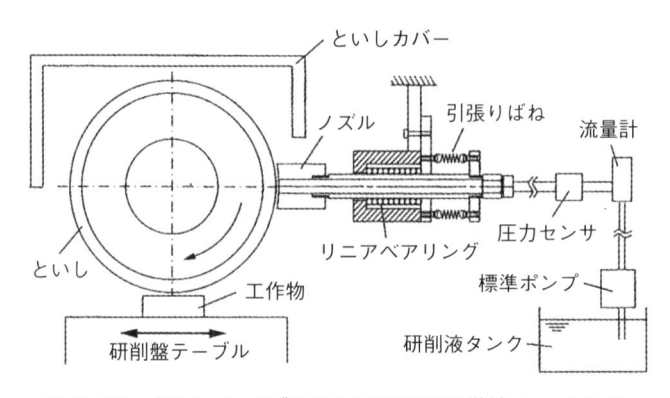

図 5-81　フロートノズルによる研削液の供給（二ノ宮など）

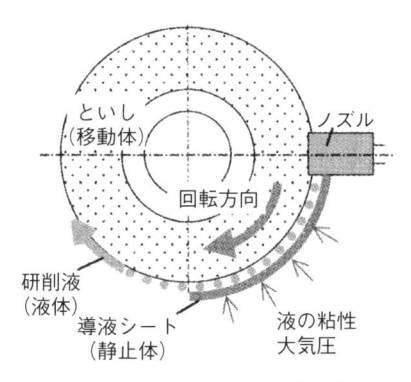

図 5-82　フレキシブルシートを用いた研削液の供給（鈴木ら）

研削液がほぼ100％、研削点に供給されるので、非常に効率のよい研削液の供給法と言えます。

（２）　冷風研削

図 5-83 に冷風研削盤（センタレス研削盤）の例を、また図 5-84 に冷風をノズルより研削点近傍に供給している例を示します[56]。そしてこの冷風研削システムの原理を図 5-85 に示します。この方法は、既設の空気ラインを用いて、除湿した空気を吹き出しノズルに導き、そこで微少

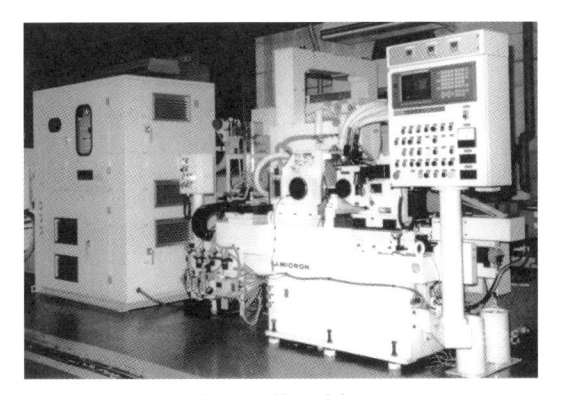

図 5-83　冷風研削盤の例 (ミクロン精密)

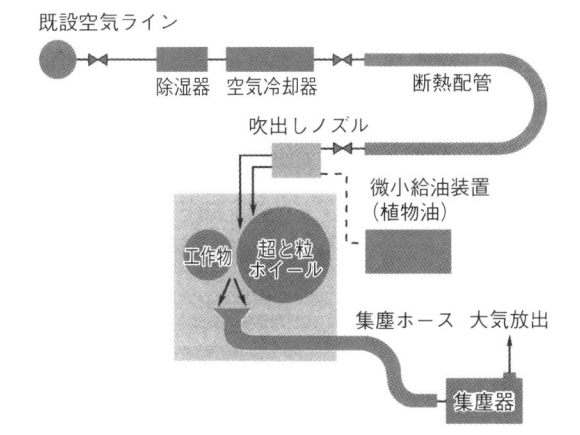

図 5-84　冷風研削盤の構成例 (ミクロン精密)

量の植物油と混合して、研削点近傍に冷風を吹き付けるものです[56]。

　この冷風研削は円筒研削にも適用されています。**図 5-86** に従来の研削システムを、また**図 5-87** に冷風研削システムを示します[20]。従来の研削システムでは、研削液（クーラント）を直接、高速で回転するといしと工作物間に供給するので、作業環境の悪化を招くミストが発生します。また、切りくずは研削液とともにタンクに戻されるので、リサイクルに際しては、液の清浄化とともに切りくずの分離が必要になります。

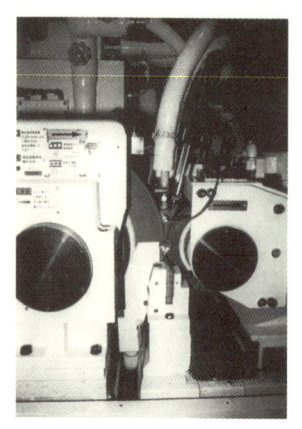

図5-85　冷風ノズル（ミクロン精密）

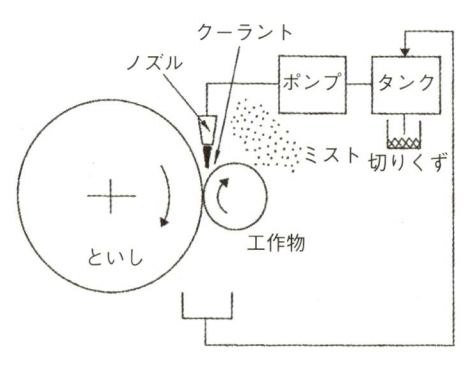

図5-86　従来研削システム（向井）

> **一口メモ**　電気防錆加工法とは
>
> 　直流電源を接続した電極を水に漬けると、陽極は電極材料の鉄がイオン化し、また水と反応してさびが発生しますが、陰極は電源から供給される電子のためにイオン化が阻止され、防錆機能が生じます。この電気化学におけるカソード（陰極）の防錆理論を応用したのが電気防錆加工法です。

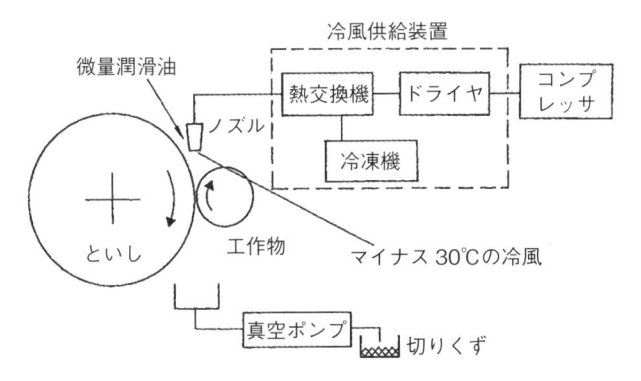

図 5-87　冷風研削システム（向井）

図 5-88　冷風研削の様子（向井）

　一方、冷風研削の場合は、−30℃の冷風を研削点に吹き付けるので、ミストの発生はありません。また切りくずは直接、真空ポンプで吸引されるので、そのリサイクルも容易になります。

　図 5-88 に冷風研削の様子を示します[20]。また表 5-3 に示す研削条件で、通常のクーラント研削と冷風研削したときのといし摩耗量の比較を図 5-89 に示します[21]。クーラント研削と比較して、冷風研削の方がといし摩耗量が少なくなっています。また研削油剤と冷風を用いて研削したときの残留応力の違いを図 5-90 に示します。油剤研削と比較し、冷風研削の方が圧縮残留応力が大きく、強度が高くなることが分かります。

表 5-3　研削条件 (向井)

といし	ビトリファイド　CBN といし ♯120, C=150, ϕ350 × W20 mm	
工作物	クロムモリブデン鋼（焼入れ） 炭素鋼（焼入れ）	ϕ50 mm
といし周速度	80 m/s	
研削方式	円筒プランジ	
研削油剤	ソリューブルタイプ（×50）	

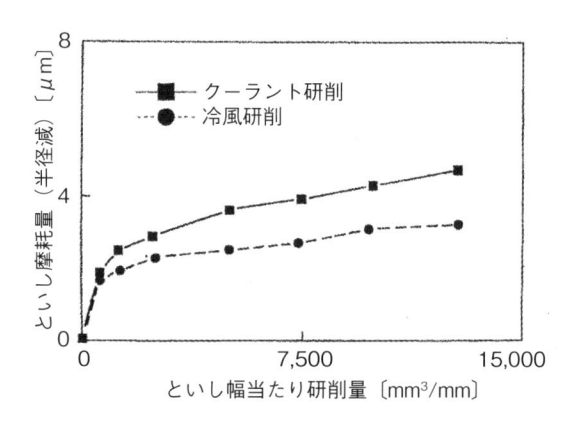

図 5-89　といし摩耗量の比較 (向井)

　このように冷風研削は、クーラント研削と比較し、研削性能に優れ、また環境悪化の原因となるミストも発生しないという利点がありますが、前述のように冷風を作り出すのに大きな電力消費を伴うので、CO_2 対策の面で解決すべき課題が残されています。

（3）　環境対応研削

　切削加工と同様に、研削加工の分野でも、地球環境に優しい研削方法の開発が進められています。図 5-91 に示すように、この環境対応研削（EcoloG 研削と呼ばれている）のコンセプトは、できるだけ微量潤滑油をといし面に、また熱膨張を抑制するために微流量の冷却水を工作物に、

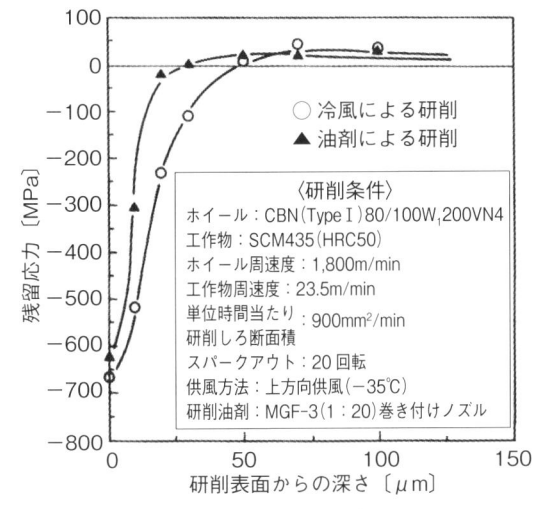

図 5-90　冷風研削特性（横川）

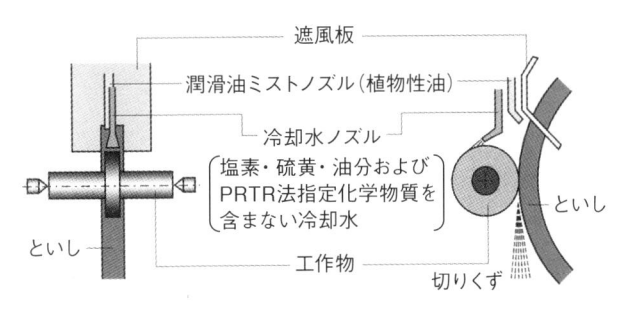

図 5-91　環境対応研削盤の概要（ジェイテクト）

それぞれ別々のノズルから供給し、機能の異なるこれらの液の供給量を最適化することにより、効率のよい加工を行おうとするものです[57]。

この場合、研削油剤には生分解性の高い植物油または合成エステルが、また冷却水には極圧添加剤や有害化学物質を含まないものが使用されます。

図 5-92 に環境対応研削の様子を示します。また、これを従来の研削

図 5-92　環境対応研削の様子（ジェイテクト）

従来研削　　　　　　　ECOLOG 研削 TYPE Ⅱ

図 5-93　従来形研削と環境対応研削の比較（ジェイテクト）

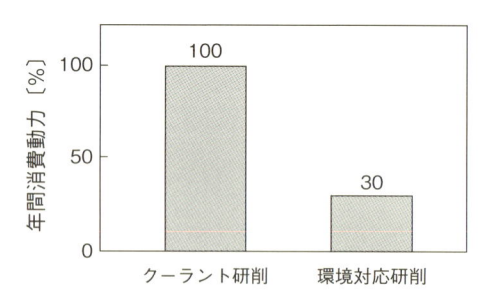

図 5-94　年間消費動力の比較（向井）

法と比較したのが**図 5-93**です。環境対応研削の場合は、研削油剤の使用量が、従来研削と比較し、1/100 程度に大幅に低減します。この研削油剤の使用量の減少は、研削に必要なエネルギーの低減に結びつきます。

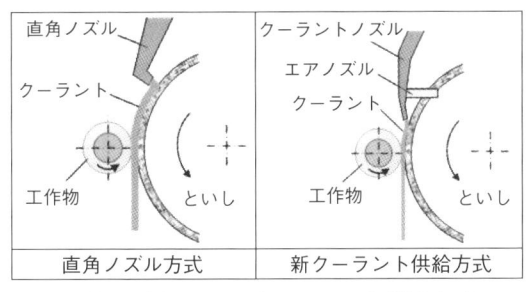

図 5-95　環境対応研削における新クーラント供給方式（ジェイテクト）

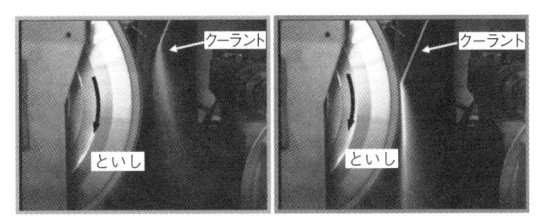

図 5-96　環境対応研削盤における研削液の供給（ジェイテクト）

　図 5-94 はクーラント研削と環境対応研削の年間消費動力を比較したものです[21]。環境対応研削の場合は、年間消費動力が通常のクーラント研削と比較し、約 1/3 以下に低減しています。この年間消費動力の低減は、CO_2 対策として有効と言えます。また環境対応研削の場合は、冷却水を研削点ではなく、工作物に向けて供給するため、環境悪化を招くミストの発生も少ないという利点もあります。

　しかしながら、この環境対応研削は、通常の精密研削に対しては非常に有効ですが、鋼材の高能率研削の場合は、発熱量が非常に大きいので、研削焼けなどの熱的損傷が発生しやすいという問題が生じます。そのため環境対応研削に適したノズルの開発が行われています。

　図 5-95 に直角ノズル方式と新しく開発されたクーラント供給方式を示します[23]。直角ノズル方式は、ノズル先端の直角部分で空気流を遮断

図 5-97　空気流を遮断したときの研削状態（ジェイテクト）

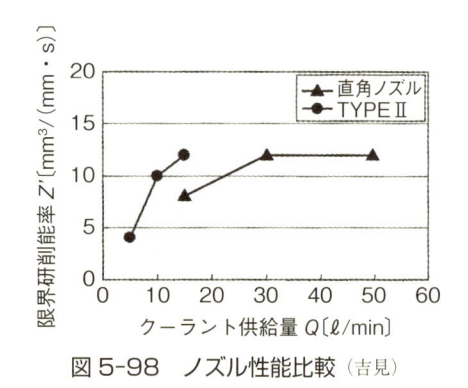

図 5-98　ノズル性能比較（吉見）

した後、クーラントを供給するものです。この場合は、ノズル先端部といし外周部の間隔を常に適切に保つための調整が必要になります。この不都合を解決したのが新クーラント方式です。

　この方式は、研削点の上部において、といし側面方向から空気を供給して、連れ回りする空気流を遮断した後、研削点近傍のといし表面に対して、その接線方向からストレートタイプのノズルを用いて、少流量のクーラントを供給するものです。

　図 5-96 に連れ回りする空気流を遮断した場合としない場合のといし面へのクーラントの掛かり方の違いを示します[23]。空気流を遮断しない場合は、クーラントがといし面に届いていません。一方、空気流を遮断

表5-4　研削条件 (吉見)

といし	ビトリファイドCBNホイール（$\phi 400 \times 20$ mm、♯120、集中度150）
といし周速度	120 m/s
工作物	クロムモリブデン鋼（$\phi 30 \times 20$ mm）（浸炭焼入れ：60HRC）
工作物回転速度	150 min^{-1}
研削方式	円筒プランジ（スパークアウトなし）
取代	$\phi 0.5$ mm
クーラント	エマルションタイプ（希釈倍率20倍）
エア流量	150 N ℓ/min

した場合は、クーラントが十分にといし面に到達しています。

　また図5-97はといし周速度120 m/sで、空気流遮断の有無による研削状態の違いを示したものです[24]。空気流を遮断した場合は、少流量のクーラント供給でも、研削火花の出方が少ないことが分かります。そして図5-98は、表5-4に示す研削条件下における直角ノズル方式と新クーラント方式の限界研削能率を比較したものです[25]。

　新しく開発されたクーラント方式の場合は、クーラントの供給量が少なくても、直角ノズル方式と同等の限界研削能率を示します。すなわち、このことは少ないクーラント供給量で、同等の研削能率が得られることになり、消費研削動力の低減に結びつくことを意味します。

　このように研削油剤の種類と供給方法を改善することにより、効率の高い環境対応研削が可能になっています。また消費電力の大幅な低減により、この研削方法はCO_2排出量の削減に結びつくと言えます。そのため、環境対応研削のますますの発展が期待されています。

一口メモ　気流層の遮断

研削液を研削点に上手に供給するには、といしとともに連れ回りする気流層をいかに遮断するかがポイントです。

一口メモ　　焼結体工具を作ろう！

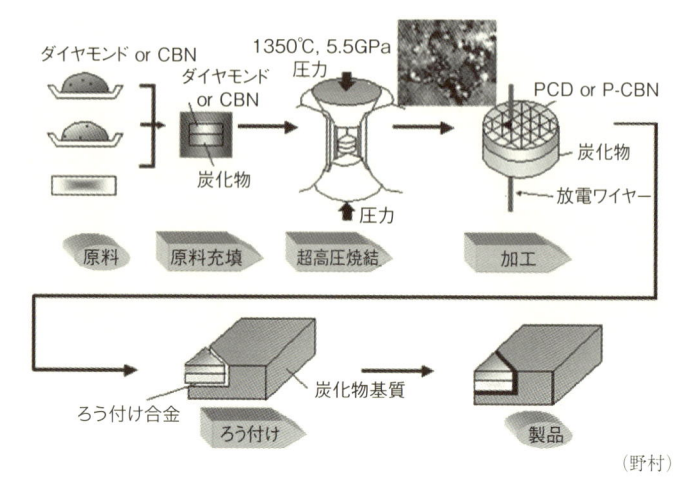

(野村)

難削材加工に有効な焼結体工具は、図のように高温・高圧技術を用いて製造されます。

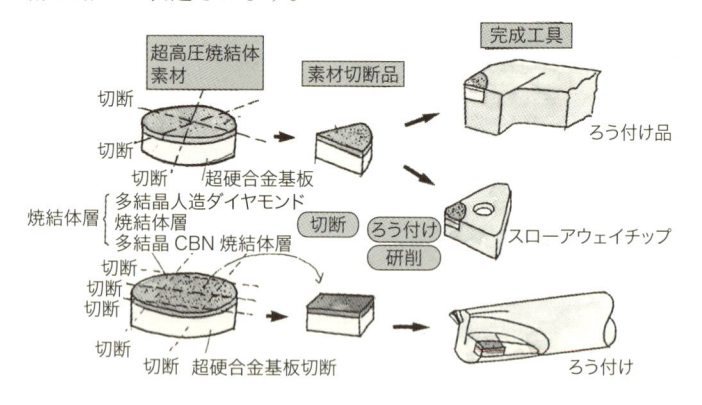

このようにして作られたPCD（多結晶ダイヤモンド）やPCBN（多結晶CBN）素材をワイヤーカット放電加工で切断し、その切断品を工具のシャンクにろう付けします。そしてダイヤモンド研削で仕上げます。焼結体工具を自社で製作してみましょう。

第6章

切削油剤と使用上の問題点

　ここでは切削油剤を使用する場合の皮膚障害やのどの痛みなど、作業者の健康環境について絵解きで説明し、また水溶性切削油剤の希釈方法などの取り扱い方法を述べています。また他油混入による性能の低下、腐敗などの劣化、および油剤の飛散などの作業環境問題、および切削油剤の地球環境に与える影響を解説し、そして適切な切削油剤の使用法を提示しています。

切削油剤の使用は、作業者の健康、作業環境および地球環境に影響を与えます（**図6-1**）[26]。そのため作業にあたっては、これらの影響をよく理解しておくことが大切です。

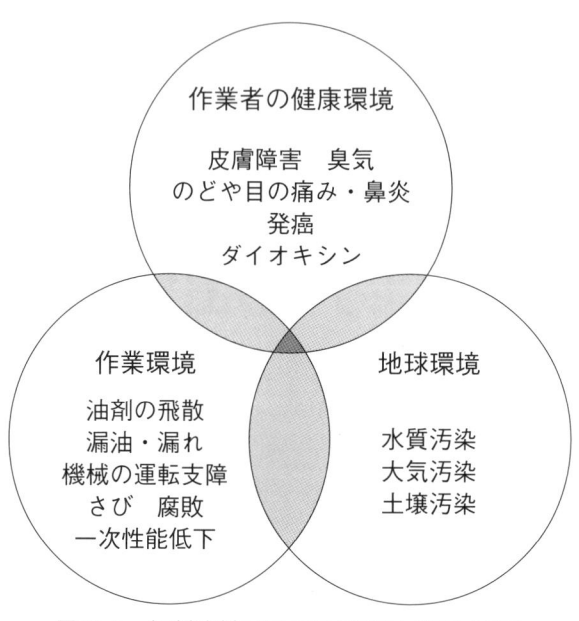

作業者の健康環境
- 皮膚障害　臭気
- のどや目の痛み・鼻炎
- 発癌
- ダイオキシン

作業環境
- 油剤の飛散
- 漏油・漏れ
- 機械の運転支障
- さび　腐敗
- 一次性能低下

地球環境
- 水質汚染
- 大気汚染
- 土壌汚染

図6-1　切削油剤に起因する環境と弊害（富田）

一口メモ　切削加工のドライ化

　環境問題が顕在化するにつれて、切削油剤を用いない切削加工のドライ化が進んでいます。CBNやダイヤモンドの多結晶体工具の性能向上に伴い、切削加工のドライ化はますます進むと思われます。

6-1 ● 切削油剤と健康問題

　水溶性の切削油剤、たとえばエマルションは牛乳のようなものですから、腐敗すると、大変な臭気がします。また、手に傷があるような場合は、その液に触れると、化膿するようなことがあります。そのため、切削油剤を用いる場合には、その健康に与える影響をよく理解しておきましょう。

（1）洗眼と眼鏡の着用

　誤って切削油剤が目に入ると、炎症を起こす場合があります。そのため、機械加工を行う場合は、必ず眼鏡を着用しましょう（**図 6-2**）。また、切削油剤が目に入ってしまった場合は、**図 6-3** に示すように、水道の蛇口から水を出し、その流水で 15 分程度、よく洗眼しましょう。もしも、その切削油剤に切りくずなどが混入していると、その切りくずが目に刺さる場合もありますので注意しましょう。このような場合は、すぐに病院に行って、医師の診察を受けることが大切です[58]。

図 6-2　眼鏡の着用

図 6-3　洗　眼

（2） 飲用の禁止

　水溶性切削油剤のエマルションは、白色をしているので、牛乳と間違えることがあります。また、ソリューブルやソリューションタイプのものもスポーツドリンクと間違えることもあるでしょう。このような水溶性切削油剤を、誤って飲まないように注意しましょう（図6-4）。誤って飲んでしまった場合は、必ず医師の診察を受け、適切な処置をしましょう[58]。

（3） 皮膚のかぶれ

　切削油剤に手を触れるとかぶれることがあります（図6-5）。そのため、油剤に手が触れたならば、必ず水と石鹸で、手洗いを十分にしましょう（図6-6）。また、切削油剤を使用すると、手が荒れて困るという人もいます。このような人は、作業の前と後で、手をきれいに洗って、保護クリームを塗るとよいでしょう。また、切削油剤を扱うときに、ゴムの手袋をするもの効果的です（図6-7）。ただし、ゴムの手袋をすると、作業中に手が汗でむれて、反対にかぶれる人もいるので注意してください[58]。

図6-4　飲用の禁止　　　　図6-5　切削油剤によるかぶれに注意

（4） マスクの着用

　ミスト切削、高速噴射加工、および研削加工などにおいて、切削・研削油剤のミストや蒸気を吸うと気分が悪くなる場合があります。また、アレルギーの人は、鼻炎を発症する場合があります。そのような人は、作業時にマスクを着用するとよいでしょう（図6-8）[58]。

（5） 健康障害と原因

　このように切削油剤によって、いろいろな健康障害を起こす場合がありますが、その障害と原因を表6-1にまとめておきます[27]。そのため、切削油剤を扱う場合は、このような健康障害が起こることがあるという点に注意することが大切です。

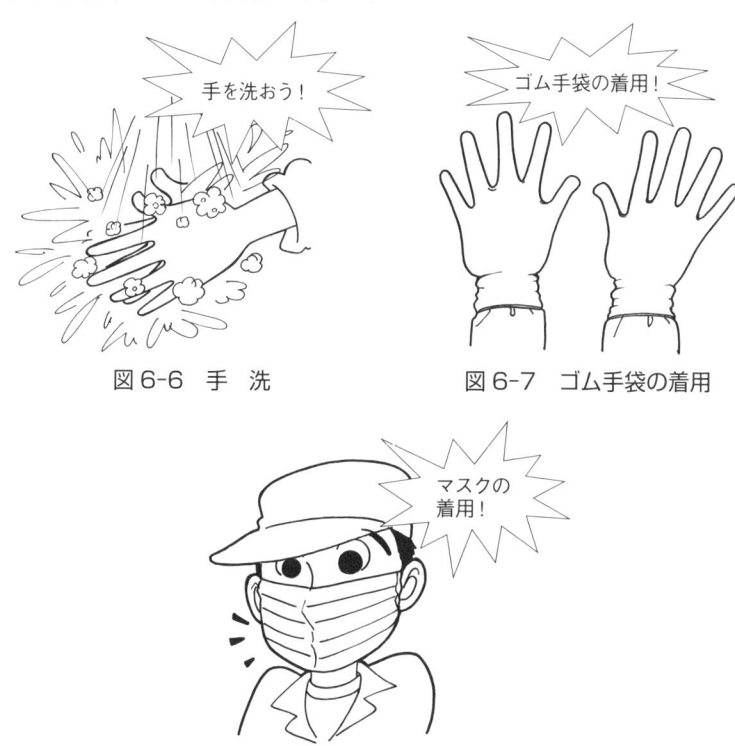

図6-6　手　洗

図6-7　ゴム手袋の着用

図6-8　マスクの着用

表6-1 作業者の健康環境に関する問題点と原因 (冨田)

皮膚障害	灯油・軽油による皮膚障害、強アルカリ性物質・クロム酸塩・亜硝酸塩・殺菌剤などによる皮膚障害 界面活性剤の脱脂による皮膚障害
臭気による嫌気	灯油・軽油・硫化脂肪油などによる臭気 酵母菌・バクテリアによる油剤の腐敗臭
のどや目の痛み・鼻炎 発癌の可能性	ミスト・発煙などによる刺激 ニトロソアミン、塩素化パラフィンの含有・生成
ダイオキシンによる 健康障害	加工時にダイオキシン発生の可能性など

一口メモ　　正しい服装

　　　　　　　　○　　　　　　　　×

　　作業時の乱れた服装は、失敗やけがの原因です。作業時には、清潔な作業着、作業帽（場合によってはヘルメット）および安全靴を必ず着用しましょう。また作業の内容によっては、保護メガネやマスクなどの保護具の使用を徹底しましょう。

6-2 水溶性切削油剤の希釈

(1) 希釈の方法

　水溶性切削油剤は、適切な濃度に希釈して使用することが大切です。また水溶性切削油剤を希釈する場合は、適切な順序で行う必要があります（図6-9）。図6-10に示すように、オイルタンクなどの容器に水溶性切削油剤を先に入れて、その後、水道水などを注いで希釈してはいけません[59]。このように希釈すると、油剤が均一に溶けない場合があります。そのため、水溶性切削油剤を希釈する場合は、必ず容器に希釈水を先に入れて、その後、油剤を注ぐようにしてください。また、油剤が希釈水に均一に溶けるように、棒などを用いて、その液をかくはんしながら注ぐことが大切です（図6-11）[59]。

(2) 濃度と倍率

　水溶性切削油剤を希釈する場合は、濃度と倍率の違いをよく理解しておくことが大切です（図6-12）。倍率は原液をどの程度に薄めたかを、また濃度は希釈した液のなかに原液がどの程度含まれているかを示すも

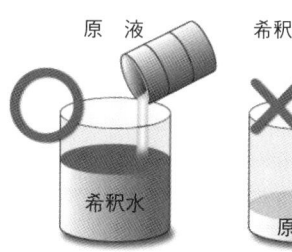

図6-9　切削油剤の希釈方法　　図6-10　希釈の良否（関西特殊工作油）

かくはん

水溶性切削油剤

濃度と倍率は違うんだよ！

図6-11 かくはんしながら溶かす
（関西特殊工作油）

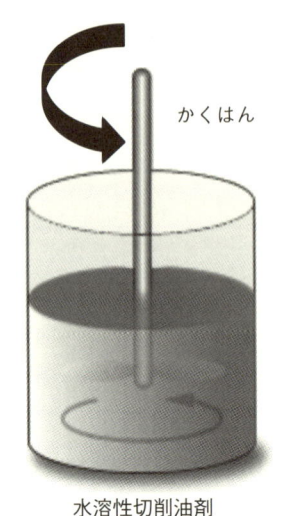

図6-12 濃度と倍率は異なる

のです。たとえば、1リットルの原液を100リットルの水で薄めれば、倍率は100となり、また濃度は1％となります。

また濃度と倍率には次のような関係があるので、覚えておくとよいでしょう。

$$倍率 = 100/濃度 \quad 濃度 = 100/倍率$$

（3） 水溶性切削油剤の適正倍率

　水溶性切削油剤を上手に使うには、適正倍率で希釈することが大切です。表6-2に示すように、適正倍率は油剤の種類や加工条件によっても異なりますが、一般的に切削加工の場合で10～30倍、また研削加工では30～50倍です。通常、水溶性切削油剤には適正倍率が表記（カタログなど）されているので、その値を参照して、希釈するようにしましょう。

表6-2　水溶性切削油剤の適正倍率 (ケミック)

	適正倍率
切削加工	10～30倍
研削加工	30～50倍

表6-3　水溶性切削油剤の濃度とその影響 (ケミック)

高濃度	消泡性が悪くなる 塗装をはがしやすい 手荒れしやすい コストが高くつく
低濃度	工作物や機械がさびやすくなる 腐敗しやすくなる 切削性（研削性）が悪くなる 工作物の精度がばらついたり、切削工具やといしの寿命を早める

また長い間、その水溶性切削油剤を使って作業していると、その量が減少してしまいます。その場合は、油剤と希釈水を別々に補充するのではなく、適正倍率で希釈した液を補充するようにしましょう。そして、水分が蒸発し、使用液が高濃度になっていることもあります。その場合は、濃度検査をして、補充液の濃度を調節することが大切です。

表6-3 に示すように、使用液の濃度が高くなっていると、消泡性が悪い、塗装がはがれやすい、手荒れがしやすいなどのトラブルが発生しやすくなります。また、切削油剤にかかるコストも高くなります。

反対に、低濃度になると、工作物や機械がさびやすい、液が腐敗しやすい、加工性能が低下するなどの不都合が生じます。また、工作物の精度が低下するとともにばらつきが生じ、そして工具寿命も短くなるなどの問題も発生します。そのため作業にあたっては、必ず水溶性切削油剤の適正倍率を守り、定期的にその濃度をチェックするようにしましょう。

一口メモ　切削油剤の日常管理

濃度管理を行い、一定倍率の液を毎日、補給することが望まれます。できれば、液のpHを測定するとよいでしょう。

6-3 切削油剤と作業環境

（1） 作業環境悪化の問題点と原因

表6-4に作業環境の悪化に関する問題点と原因を示します[27]。通常、ミスト切削や高速ジェット給油などにより、油剤が飛散し、作業環境が悪化します。また、工作機械から油が漏れたり、切削油剤タンクから油剤が漏れたり、溢れたりして、これまた作業環境の悪化をもたらします。そして他油混入、水溶性切削油剤の腐敗、劣化など、多くの問題が生じます。そのため、作業者が日頃の切削油剤の管理をしっかりと行うとともに、責任者を置き、その責任者による定期的な保守・管理を厳格に行うことが大切です。

（2） 床の油汚れ

工作機械から油が漏れたり、また切削油剤タンクから油剤が溢れたり、漏れたりして、床が油で汚れていると大変危険です。また誤って床に油をこぼし、そのまま放置しておくと、事故の原因となります（図6-13）。作業中に足を滑らし、頭を打ったり、また工作機械と接触したりして、大きな事故を招きます。床にこぼした油や工作機械から漏れた油などは、

表6-4　作業環境の悪化に関する問題点と原因（富田）

油剤の飛散・べと付き	供給量過多、ミスト給油・高速ジェット給油などによる飛散
漏油・溢れ	工作機械からの漏油、油剤タンクからの漏れ・溢れ
機械部品の劣化	界面活性剤、塩素系化合物などによる電装部品の劣化、プラスチック・ゴム部品などの劣化、塗装面の剥離・劣化
作動油との混合による工作機械の運転支障	ゲル化・クリーム状化・ミルク状化
さび、変色の発生	摺動面・テーブル面などのさび、工作物のさび・変色　塩素化合物による塩化水素ガス発生によるさび
酵母菌・バクテリアによる油剤の腐敗	一次性能低下　スライム発生やカビによる配管系の詰まり、液分離など

すぐにふき取りましょう。

（3） オイルミストと油煙

工作機械から発生するオイルミストや油煙は、作業環境を非常に悪化します。そのため、できるだけオイルミストや油煙の発生を抑制するとともに、速やかに回収することが大切です。表6-5にオイルミストや油煙の抑制、および回収対策を示します。

発煙対策としては、油剤の種類を変更し、また発熱を抑制するために切削条件を緩やかにすることなどがあります。そして、油剤の供給量を多くすることも効果があります。

また、オイルミスト対策には、油剤の種類を変更するとともに、油剤の供給圧力を下げ、そして加工条件を緩和することが有効です。そして、油煙やミストが周りに飛散しないように、工作機械にフルカバーをしたり、部分的なカバーをすることも大切です。

次にオイルミストや油煙の回収対策として、工場内の適切な場所にミストコレクタを設置するとともに、個々の工作機械にもそれを装備することなどが行われています。

図6-13 床に油をこぼさない

表6-5　ミスト・油煙対策 (ユシロ化学工業)

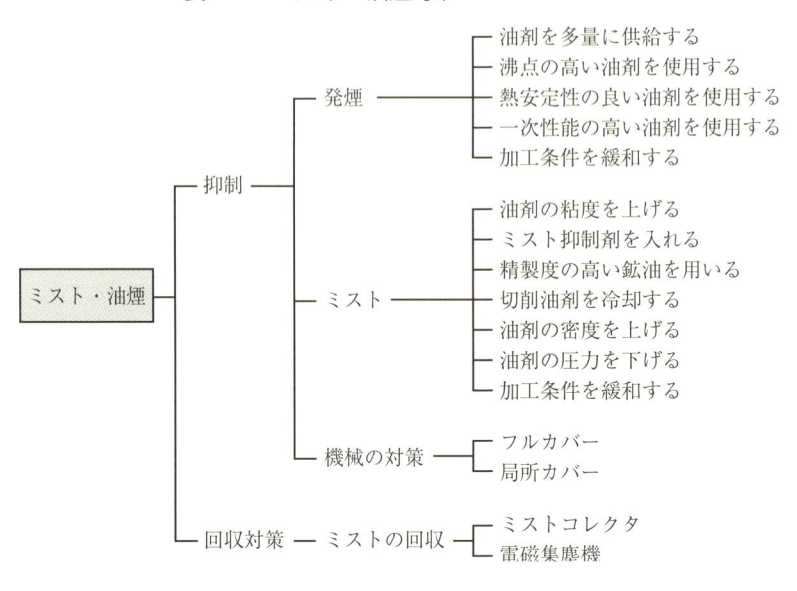

```
ミスト・油煙 ─┬─ 抑制 ─┬─ 発煙 ─┬─ 油剤を多量に供給する
            │       │       ├─ 沸点の高い油剤を使用する
            │       │       ├─ 熱安定性の良い油剤を使用する
            │       │       ├─ 一次性能の高い油剤を使用する
            │       │       └─ 加工条件を緩和する
            │       │
            │       ├─ ミスト ─┬─ 油剤の粘度を上げる
            │       │        ├─ ミスト抑制剤を入れる
            │       │        ├─ 精製度の高い鉱油を用いる
            │       │        ├─ 切削油剤を冷却する
            │       │        ├─ 油剤の密度を上げる
            │       │        ├─ 油剤の圧力を下げる
            │       │        └─ 加工条件を緩和する
            │       │
            │       └─ 機械の対策 ─┬─ フルカバー
            │                    └─ 局所カバー
            │
            └─ 回収対策 ─── ミストの回収 ─┬─ ミストコレクタ
                                        └─ 電磁集塵機
```

図6-14　ミストコレクタ (アマノ)

　図6-14にミストコレクタの例を示します[59]。また、そのミストコレクタのオイルミストの捕集フローを図6-15に示します[28]。この装置において、吸引されたオイルミストのうち大きな粒子や金属片はステンレス製

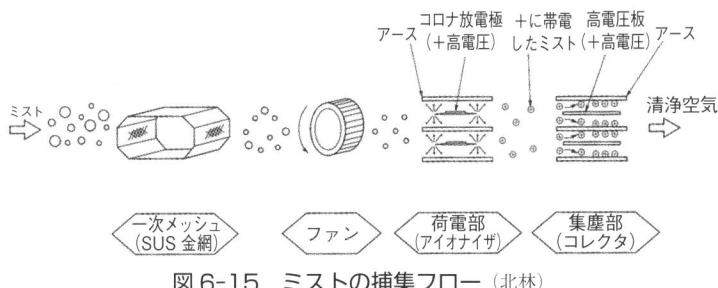

図 6-15 ミストの捕集フロー (北林)

の金網で、またここを通過したミストは高速で回転するアルミ製のファンにより捕集されます。そして、このファンを通過した微細粒子のミストは、コロナ放電により帯電され、クーロン力（荷電粒子間に働く力）によりアース極側の板に捕集され、そしてリサイクルされます。

図 6-16 にミストコレクタの設置例を示します[59]。この場合は、工作機械をフルカバーし、機械外部に設置したミストコレクタで、カバー内部のオイルミストや油煙を吸引し、捕集しています。

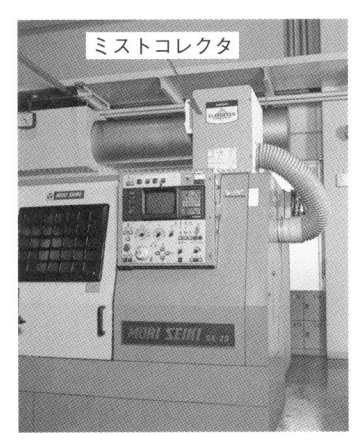

図 6-16 ミストコレクタの設置例
(アマノ)

表6-6 切削油剤の劣化とその状態 (ユシロ化学工業)

油剤	劣化要因	劣化状態
不水溶性切削油剤	機械油の混入	切削性能の低下
	切りくずの混入と滞留	酸化重合の促進 工具刃先の欠け 仕上げ面のむしれ
	水分の混入	さび止め性の低下 切削性能の低下 酸化重合の促進
水溶性切削油剤	機械油の混入	腐敗の促進 ゲル化 機械汚れの発生
	切りくずの混入と滞留	腐敗の促進 使用液の褐色化
	バクテリアの増殖	腐敗の発生

（4） 切削油剤の劣化

切削油剤を長く使っていると、その中に工作機械の機械油や切りくずが混入して、その性能が低下します。また、水溶性切削油剤の場合は、腐敗して悪臭を放ち、作業環境を悪化させます。このような切削油剤の劣化要因とその状態をまとめると、**表6-6**のようになります。そのためこれらを参照して、切削油剤の日頃の管理と、定期的な検査を行いましょう。

（5） 水溶性切削油剤の腐敗

牛乳などを放置しておくと腐敗しますね。それと同じように水溶性切削油剤も腐敗するのです。そして腐敗が進行すると、悪臭を発生し、作業環境の悪化をもたらします。また、切削油剤の性能（潤滑性など）の低下を招き、加工精度や加工能率などに影響します。加えて、腐敗した物質がノズルに詰まったり、油剤タンクの隅に蓄積するなど、機械トラブルの原因となります。そのため、水溶性切削油剤はできるだけ空気に触れないようにすることが大切です。また長期間、機械を使用しない場合は、ときどき、機械を動かして、切削油剤を循環するようにしましょう。

図 6-17　開放の禁止　　図 6-18　定期的な切削油剤のチェック

表 6-7　水溶性切削油剤の腐敗とその対策 (ケミック)

	外観・臭気	菌数(個/CC)	pH	対　策
早期	外観に変化は見られない 臭いがしだす	$10^4 \sim 10^5$	8.5 前後	防腐剤（DBC120）の添加 濃度が低い場合、原液を添加する
中期	やや灰色か薄い茶色	$10^5 \sim 10^6$	8 前後	防腐剤 DBC-120 の添加 （100L に対し 100cc） 油剤の更新後半年以上の場合、早めに更新する
後期	黒ずんだ色 強烈な悪臭	10^7 以上	8 以下	液を更新する

　また **図 6-17** に示すように、保管時などに水溶性切削油剤の缶のふたを解放しておくのはやめましょう。また、工作機械の油剤タンクのカバーは必ずして、できるだけ油剤が空気に触れないようにします。油剤タンクのカバーをしないと、腐敗の進行が速くなるとともに、切りくずやゴミなどが混入し、トラブルの原因になります。

　このような水溶性切削油剤の腐敗を発見する最も簡単な方法は、臭気のチェックです。**表 6-7** に示すように、腐敗の初期には、油剤の外観には変化が見られませんが、臭いがしだします。この場合は、対策として防腐剤を添加します。また使用液の濃度が低くなっているときは、原液を補充し、その濃度を調節してください。

また腐敗の中期になると、外観が茶色か、灰色になり、またはっきりとした臭いがします。このような状態で、油剤交換時期が半年未満の場合は、防腐剤を添加しますが、それ以上の場合は油剤の更新を検討しましょう。そして腐敗後期になると、外観が黒ずんだ液となり、また強烈な悪臭がします。この場合はすぐに使用液を交換します（図6-13参照）。

　また水溶性切削油剤の腐敗や劣化を防止するためには、定期的な切削油剤のチェックが重要です（**図6-18**）。

　前述のように水溶性切削油剤は性状の変化が激しく、とくに気温が上昇する夏場には腐敗が進行しやすくなります。そのため、切削油剤の性状や性能を長期間にわたって維持することは非常に困難です。

　このような切削油剤の管理を個々の作業者の経験に任せておくと、どうしても個人差がでてしまいます。そのため切削油剤の種類、倍率、更新日などを明記し、そしてその臭気、濃度、pHおよび油剤や液の補給量などの検査項目を設定し、その記録を付けることが大切です。すなわち、切削油剤管理表の作成、日頃の記録および管理者による定期的なチェックがポイントと言えます。

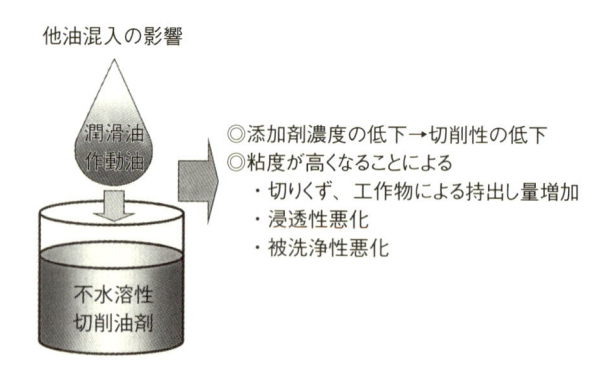

図6-19　他油混入（ユシロ化学工業）

（6） 他油混入

　前述のように、工作機械で加工すると、どうしても機械油が切削油剤に混入してしまいます。不水溶性切削油剤の場合は、機械油が混入すると、その切削性能が低下します（**図6-19**）。また、水溶性切削油剤の場合は、その腐敗が促進されます。そのため、工作機械の潤滑油や作動油など、循環系統の保守整備をしっかりと行い、それらが切削油剤に混入するのを防止することが大切です。また、加工の前工程で工作物に防錆油が塗布されている場合は、できるだけそれらを除去し、切削油剤に混入するのを防ぎましょう。

　また、水溶性切削油剤の場合、油剤タンクの液面に浮遊した混入油を除去するには、通常、オイルスキマが使用されています。この装置は浮上油を、ベルト状や円盤状の油取り器を油剤タンク内で回転させ、それに付着した浮上油をタンク外に取り出すものです。しかしながらこの装置は、油剤タンクの真上に設置する必要があり、その設置上の制約によりマシニングセンタなどには適用できないという不都合があります。

　この問題を解決したのが、**図6-20**に示すチューブスキマです[60]。この原理はベルト式や円盤式と同様ですが、この装置の特徴は直径5 mmのビニール製チューブが油剤タンク内を旋回し、そのチューブに付着した

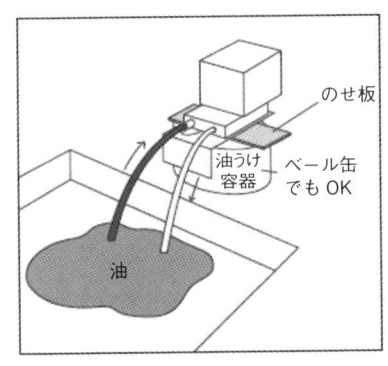

図6-20　チューブスキマ（混入油除去器）

混入油を取り出す仕組みになっていることです。この装置の場合は、チューブを挿入する隙間があれば、タンク密封型の工作機械にも適用できるという利点があります。

このように、オイルスキマやチューブスキマを用いて混入油を除去する方法もありますが、簡易的には吸着マットで浮上油を吸い取る方法も有効です。

（7） 異物混入と除去

切削油剤を用いて加工をすると、どうしても切りくずやゴミなどが、その油剤に混入します。このような切削油剤への異物混入は、切削性能の低下や、工作物の傷などの製品不良の原因になります。とくに研削加工の場合には、この問題が重要です。

図6-21に研削油剤の清浄方法を示します。研削油剤の清浄方法には、沈殿法などの重力で分離する方法、電磁チャックや遠心分離機などの外力を用いる方法、フィルタなどのろ材を用いる方法および凝集沈殿などの物理化学的方法によるものなど、多くの方法が用いられています。

図6-22はマグネットセパレータを用いて切りくずを分離する方法で

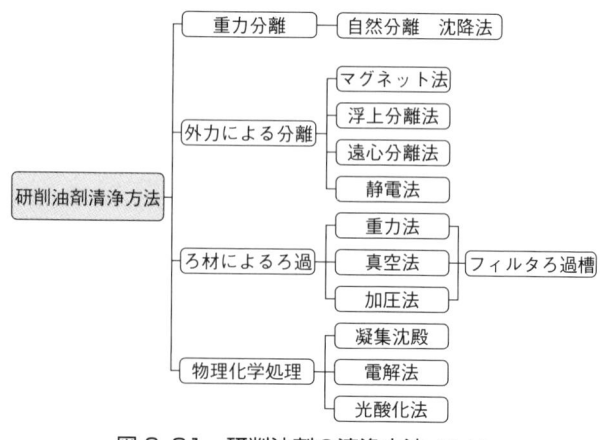

図 6-21　研削油剤の清浄方法　(鈴木)

す。この方法は鋼材など磁性材料の加工に多く用いられています。しかしながらこの方法は、ガラス、セラミックスおよび非鉄金属など、非磁性材には適用できないという不都合があります。このような場合には、通常、図 6-23 に示すペーパーフィルタが用いられています。このフィ

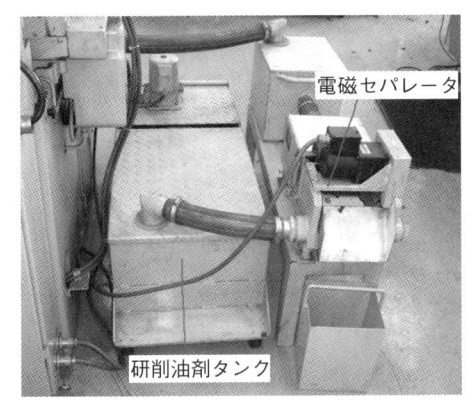

図 6-22　電磁セパレータによる切りくずの分離

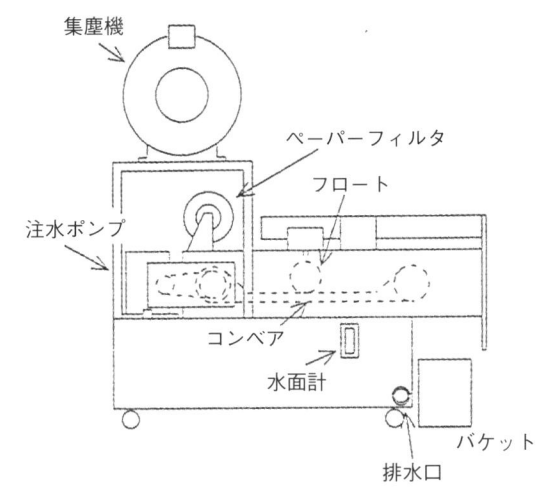

図 6-23　ペーパーフィルタによるろ過

図 6-24　遠心分離機の例

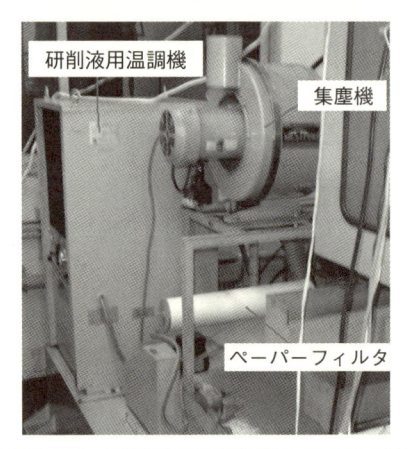

図 6-25　研削油剤の清浄化システムの例

ルタには、目の細かいものから粗いものまで、多くの種類があるので、必要に応じて選択できるという利点があります。

　また図 6-24 は遠心分離機を用いる方法です。また図 6-25 は非磁性体などの精密切りくず分離を目的としたクーラントシステムで、遠心分離機やペーパーフィルタなどで構成されています。この方法は、遠心分離機を用いて、大きな切りくずを除去した後、ペーパーフィルタで小な切りくずを分離するものです。また油剤のタンクが小さいと、加工中に液温が上昇しますが、この場合には温調機でその温度が制御されています。

　次に市販されている精密切りくず分離装置の例を図 6-26 示します[61]。

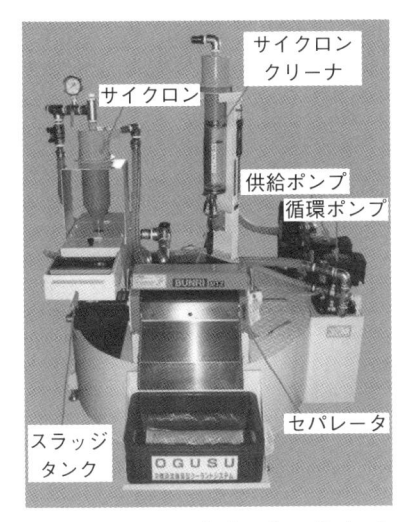

http://www.ogusu.co.jp/product/index.html
図 6-26　2槽渦流循環型クーラントシステム（小楠金属工業）

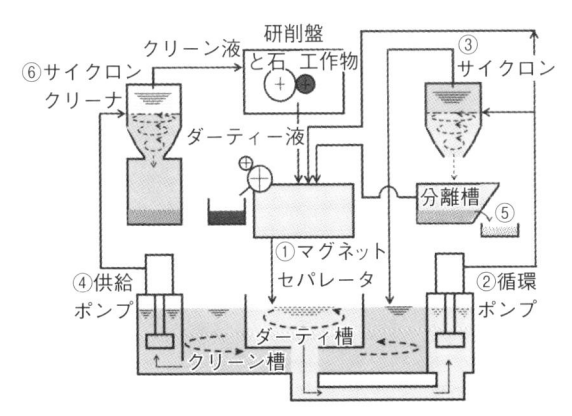

図 6-27　2槽渦流循環型クーラントシステムの構造（小楠金属工業）

　この装置は2槽渦流循環型クーラントシステムと呼ばれています。**図 6-27**にその装置の構造を示します。研削盤から排出された研削液はマグネット（電磁）セパレータで磁性体切りくずが除去され、ダーティー（汚染）槽に貯められます。また、その液は循環ポンプで汲み上げられ、サ

イクロンにより残留切りくずや汚染物質が除去されます。そして、切りくずや汚染物質が取り除かれた研削液はクリーン槽に貯められます。その後、その液は供給ポンプにより汲み上げられ、そして、サイクロンを通った清浄な液のみが研削盤に供給されます。このようにこの装置では、研削液を循環し、常時、清浄化することにより、使用液の寿命を飛躍的に長くしています。今後は資源・環境対策が問題になるにつれて、このような切削・研削油剤の清浄システムが重要になり、その開発が進むと思われます。

(8) 切削油剤の定期検査

前述のように、切削油剤の管理を個々の作業者が行うと、その性能に差異やばらつきが生じます。そのため切削油剤の保管や管理を行う管理責任者を置き、定期的に検査することが大切です（図6-28）。

まず、切削油剤の保管場所と保管方法の管理です。切削油剤は、雨水が入らず、また直射日光の当たらない場所に保管することが大切です（図6-29）。屋外に切削油剤を保管する場合は、ドラム缶を傾斜したり、またそれにカバーなどをして、雨水が入らないようにします。そして直射日光が当たらないように、建物の陰となるような場所に置きます。直射日光が当たると切削油剤が変質することがあるので、切削油剤の管理責

図6-28 切削油剤の管理責任者

任者はその保管場所の善し悪しを定期的にチェックすることが大切です。

次に、切削油剤性状の定期的な管理です。表6-8に不水溶性切削油剤の管理とその目標を示します[62]。切削油剤の管理責任者は、その外観、色相、密度、粘度、引火点、銅板腐食、他油混入量および水分などを検査表に基づき定期的にチェックします。そして、その結果を管理目標と

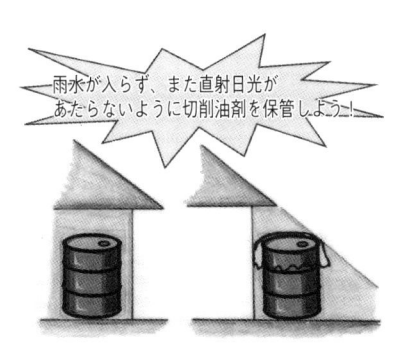

図6-29 切削油剤の保管場所

表6-8 不水溶性油剤の管理と目標 (ユシロ化学工業)

管理項目	目　的	管理目標
外　観	異物（金属粉、水等）の混入による液汚れ、変質度合いの判定	著しい着色のないこと
色相（ASTM）	着色度の判定	既定なし
密度（g/cm³、15℃）	他油混入の目安	新液密度±0.02
粘度（mm²/s、40℃）	他油混入、変質度合いの判定	新液粘度±30%
引火点（℃、COC）	低引火点成分（灯油など）混入の判定	著しい低下のないこと
銅板腐食（100℃、1hr）	工作物、銅合金に対する影響（腐食性）の判定	新液と同等であること
添加剤量	一次性能、他油混入量の判定	新液量の70%以上
他油混入量	一次性能、他油混入量の判定	30%以下
水　分	工作物に対する影響（さび止め性、腐食性）、油剤成分に対する影響（加水分解）の判定	0.1%以下

表6-9 水溶性切削油剤の管理項目とその意義

項目とその意義	
外　観	油剤の色相変化、浮上油分の有無を観察し、油剤の劣化、他油混入の目安となる
臭　気	油剤の腐敗臭気を観察し、腐敗の徴候を事前に察知する
pH	油剤の劣化、腐敗により生じるpH低下を察知し、劣化によるさびの発生、腐敗化の防止のための目安となる
濃　度	油剤の諸性能を十分に活用するため、規定の濃度を維持させる必要がある
他油混入量	他油の混入による油剤の劣化促進、および浮上油分のクーラント表面の被覆による腐敗促進を防ぐため、他油混入量はつねに把握する必要がある
さび止め性	油剤のさび止め性を評価し、現場での工作物、工作機械などのさび発生トラブルを防止する
腐敗試験	油剤の腐敗傾向を定量的にチェックし、クーラントの腐敗によるトラブル発生を事前に防止する

出典：http://www.juntsu.co.jp/qa/qa0607.html

比較して、切削油剤性状の善し悪しを判断し、液の更新など、適切な処置をします。

また**表6-9**に水溶性切削油剤の管理項目とその意義を示します[26]。水溶性切削油剤の場合は、外観、臭気、pH、濃度、他油混入量、さび止め性および腐敗などの項目を定期的に調べます。このような定期的な検査により、油剤劣化に伴うトラブルの発生を未然に防止することができます。

（9）　切削油剤の更新

切削油剤の性状を定期的に検査し、またその量が減っていたら、同じ油剤を補給します。異なる切削油剤を使用するとトラブルの原因になることがあるので、注意しましょう。また、検査で油剤の性状に問題がある場合は、速やかに新しいものに更新します。

図6-30に水溶性切削油剤の場合の油剤更新手順を示します。まず切削油剤を更新する前日に、防腐剤を添加し、そして機械を稼働して、液

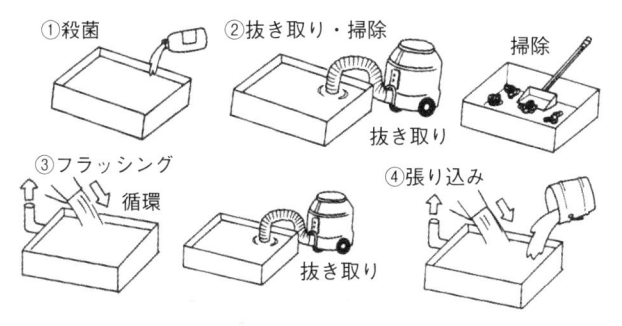

図6-30 切削油剤の交換手順（ケミック）

を循環します。このように切削油剤を更新する前に、液周りの殺菌をしておくことが大切です。その後、使用済みの古い切削油剤をポンプなどを用いてタンクから抜き取り、またそのタンクに付着したスラッジ（油分やさびなどの沈殿物）を除去し、きれいに掃除します。この場合、ゴムの手袋などをして、劣化した古い切削油剤が直接、肌に触れないように注意しましょう。

次に、フラッシング（液体を流して機械の内部を洗浄すること）をします。新しい液をタンクに張り込み、機械を作動して、パイプなどの汚れを除去します。十分にフラッシングをした後、その液を抜き取ります。タンクなどがきれいに掃除できたならば、そのタンクに水を張ります。そして、あらかじめ準備した希釈液、または切削油剤の原液をかくはんしながら入れます。この場合、先に切削油剤の原液などをタンクに入れ、その後、水などで希釈すると、その原液が均一に溶けないことがあるので注意しましょう。

また、不水溶性切削油剤の場合は、劣化した油を抜き取り、タンク内のスラッジを取り除きます。その後、タンクに粘度の低い軽質油を張り込み、機械を作動させて、フラッシングします。そして、パイプなどの汚れが取り除かれたら、その油を抜き取り、新しい油剤をタンクに張り込みます。

(10) 切削油剤の廃棄

廃液は産業廃棄物です。適切に処理をすることが大切です（**図6-31**）。油剤の廃棄にあたっては、その油剤が自社で適切に処理できる種類のものか否かを判断し、できない場合は廃棄物処理業者に依頼します。廃液処理しないでそのまま下水に流すことは禁止されているので、くれぐれも注意してください。

図6-31　適切な廃液処理

6-4 切削油剤と地球環境

（1）環境悪化の原因

最近は産業廃棄物による水質汚染、河川・海洋汚染、大気汚染および土壌汚染などが深刻になっています。また、地球温暖化に伴う異常気象の発生が問題となり、CO_2削減が緊急な課題となっています。これら切削油剤に関連した地球環境悪化の原因をまとめると、**表6-10**のようになります。

図6-32は研削油剤とその問題点を図式化したものです[29]。研削時には研削油剤がミスト化し、それを吸い込むことにより、健康障害を生じます。また、ミストの飛散により、作業環境の悪化を招きます。そして研

削油剤の廃液を焼却する場合、その処理温度が非常に高いので、CO_2の発生による地球温暖化の原因となります。また、その処理コストも高くなります。そして最も悪いのは、劣化した油剤を不法に投棄することです。絶対にしないでください。

また通常、研削の切りくずは、洗浄・分離され、リサイクルされます。そして、この処理が適切に行われていれば問題ないのですが、切りくずが産業廃棄物として不法に投棄されていると、劣化した油剤と同様に、地球環境悪化の原因となります。

表6-10 地球環境の破壊・悪化に関する問題点と原因 (富田)

水質汚染	油脂、リン化合物、ホウ素化合物などの不法投棄
河川・海洋汚染	pH値、生物科学的酸素要求量 (BOD)・化学的酸素要求量 (COD)・浮遊物質量 (SS) への影響
大気汚染	窒素化合物燃焼廃棄によるNO_Xの発生による大気汚染 電力消費による大気汚染 (間接的要因)
大気・土壌汚染	塩素系化合物の燃焼廃棄による大気・土壌汚染 切りくず・スラッジの処理による大気・土壌汚染など

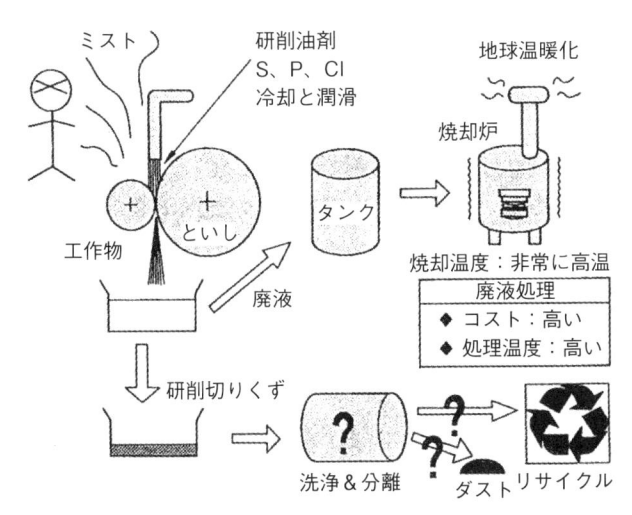

図6-32 研削油剤と問題点 (横川)

このような作業環境や地球環境の悪化を抑制するには、法令遵守を徹底するとともに、切削油剤のReduce（廃液の減量化）、Reuse（製品の再利用）およびRecycle（原材料の再使用）を促進することが大切です。

（2） 切削油剤の塩素フリー化

以前は、町工場などに行くと、醤油の臭いがしました。切削油に醤油を入れると、非常に刃物の切れ味がよいのです。このように、切削油剤に塩素が含まれていると切削性能が向上します。切削油剤に含まれる塩素や硫黄などが極圧添加剤で、切削油剤の性能向上をもたらしました。しかしながら、極圧添加剤として塩素が含まれている切削油剤（塩化油）の廃液を焼却すると、有害なダイオキシンが発生します。そのため、現在は切削油剤の塩素フリー化が進んでいます（図6-33）。一方で切削油剤の塩素フリー化が進んだ場合、その性能向上をどのように図るかも重要な課題になっています。

図6-33　切削油剤の塩素フリー化

一口メモ　切削油剤の3R

切削油剤の3Rとは、Reduse（廃液の減量化）、Reuse（製品の再利用）、Recycle（使用済み製品からの原材料の再使用）です。

表6-11 環境問題を考えた切削油剤の使用方法 (冨田)

人体・環境に悪影響を及ぼす恐れのある物質の排除	
総量減量化	適正供給量の検討 不水溶性から水溶性への転換 集中管理・制御システムへの転換 漏油・溢れを防止する隔離機構の改良
長寿命化	油剤管理　pH値や濃度値の徹底管理 腐敗防止 作動油との混合防止と浮遊油分の除去 切りくずやスラッジの除去
ミスト発生の 低減化 終末処理	ミスト給油・高速ジェット給油から普通給油へ ローミスト油剤の使用 不法投棄・不法焼却の禁止

（3） 今後の切削油剤の使用法

地球環境を考慮した切削油剤の使用方法を**表6-11**に示します[30]。まず切削油剤に関連した3R（Reduce, Reuse, Recycle）を徹底することが大切です。

そして切削油剤の総量を減量化を図るためには、不水溶性切削油剤を水溶性切削油剤に、またその個別管理から、集中管理・制御システム化へと転換する必要があります。同時に、その水溶性切削油剤の長寿命化を図るために、油剤の定期的な管理を徹底化することも重要です。

また、ミスト給油や高速ジェット給油の場合には、オイルミストの発生が少ないローミスト油剤を用い、そして機械を覆いで囲い、またミストコレクタで飛散したミストを速やかに除去するなどの対策が必要です。

このように切削油剤を効率よく使用するとともに、法令遵守を徹底し、切削油剤廃液の不法投棄や不法焼却をなくすことが地球環境を維持するうえでの重要なポイントと言えます。

参考文献

1) 切削油剤研究会：切削油剤ハンドブック、工業調査会（2004）p.21
2) 小野浩二ら：理論切削工学、現代工学社（1979）p.44
3) 佐久間敬三ら：機械工作法、朝倉書店（1984）p.24
4) 佐久間敬三ら：機械工作法、朝倉書店（1984）p.25
5) 切削油剤研究会：切削油剤ハンドブック、工業調査会（2004）p.34
6) 切削油剤研究会：切削油剤ハンドブック、工業調査会（2004）p.22
7) 切削油剤研究会：切削油剤ハンドブック、工業調査会（2004）p.23
8) 切削油剤研究会：切削油剤ハンドブック、工業調査会（2004）p.68
9) 切削油剤研究会：切削油剤ハンドブック、工業調査会（2004）p.70
10) 切削油剤研究会：切削油剤ハンドブック、工業調査会（2004）p.69
11) 須田稔：切削油剤の基本、ツールエンジニア、60, 10（2009）p.44
12) 切削油剤研究会：切削油剤ハンドブック、工業調査会（2004）p.73
13) 神雅彦：機械と工具、50, 8（2006）p.10-15
14) 井上正之、井上勤：機械と工具、7（2000）p.63
15) 井上正之：機械技術、53, 9（2005）p.30
16) 井上正之、井上勤：機械と工具、7（2000）p.64
17) 原貢：機械技術、10（1999）p.25
18) 横川宗彦：機械と工具、7（2000）p.19
19) 二ノ宮進一ら：機械と工具、7（2009）p.12
20) 向井良平：機械と工具、7（2000）p.49
21) 向井良平：機械と工具、7（2000）p.50
22) 横川和彦、横川宗彦：機械と工具　11（1995）p.7
23) 吉見隆行ら：精密工学会誌、75, 6（2009）p.687
24) 吉見隆行ら：精密工学会誌、75, 6（2009）p.689
25) 吉見隆行ら：精密工学会誌、75, 6（2009）p.688
26) 冨田進：機械技術、47, 12（1999）p.77
27) 冨田進：機械技術、47, 12（1999）p.76

28) 北林功一：ツールエンジニア、3（2005）p.40
29) 横川宗彦：機械と工具、7（2000）p.15
30) 冨田進：機械技術、47, 12（1999）p.78

参考資料

31) http://susukinoichi.com/
32) http://www.kyodoyushi.co.jp/kousakuyuzai/index.html
33) http://www.face-kyowa.co.jp/j/interface_chemistry.measurement.html
34) http://www.kyoowa-oil.com/page/index.aspx?p=43&g=28
35) http://www.daido-sangyo.co.jp/info_401.htm
36) http://www.yushiro.co.jp/products_il/top.html
37) http://www.juntsu.co.jp/qa/qa1606:html
38) http://ja.wikipedia.org/
39) http://www.weblio.jp/content/HLB% E5% 80% A4
40) http://www.chemicool.co.jp/
41) http://www.nslub.com/products.html
42) http://www.juntsu.co.jp/Lub-Guide/sessaku/sentei2.html
43) http://www.fukaana.co.jp/gundrill/index.htm
44) http://fujiwara.m78.com/gundoril/gundrill.htm
45) http://www.nc-net.or.jp/seisan/detail.php?id=352
46) http://www.speedshore.co.jp/Ecoreg.html
47) http://www.fuji-bc.com/
48) http://www.d5.dion.ne.jp/~kswmb
49) http://www.fusoseiki.co.jp/products/e_mist.html
50) http://www.nachi-fujikoshi.co.jp/tool/drill/0203fl.htm
51) http://www.horkos.co.jp/product/mac/imql/
52) http://www.juntsu.co.jp/mq/mql_kaisetsu2.html

53) http://cooltech.jp/semidry.html
54) http://www.daidometal.com/products/joom-01.html
55) http://kyowa-g.co.jp/kyowa.htm
56) http://www.micron-grinder.co.jp/
57) http://www.jtekt.co.jp/products/machine01.html
58) http://www.chemicool.co.jp/onepoint01.htm
59) http://ktk-lub.com/hanasi11/htm
60) http://www.amano.co.jp/kankyo/
61) http://www.juntsu.co.jp/haiyuhaieki-W/W-jirei2.html
62) http://www.ogusu.co.jp/product/coolant/index.html
63) http://www.juntsu.co.jp/qa/qa0607.html

索 引

◆英・数◆

2槽渦流循環型クーラント
　システム ································ 175
HLB 値 ······································ 62
MQL ······································· 104
MQL オイル ····························· 110
NC 旋盤作業 ····························· 90
pH ··· 69

◆あ行◆

悪臭 ·· 168
圧縮残留応力 ························· 149
穴あけ加工 ······························· 87
アルカリ性 ······························· 72
硫黄系極圧添加剤 ···················· 84
ウェットミスト ···················· 113
ウォータステイン ···················· 84
エコマシニング ···················· 102
エマルション ··························· 64
遠心分離機 ···························· 174
塩素フリー ···························· 182
エンドミル ······························· 86
オイルミスト外部給油 ········· 116

オイルミスト給油 ················ 116
オイルミスト法 ···················· 105
送り分力 ··································· 18

◆か行◆

外部給油 ································ 100
外部給油装置 ························· 110
界面活性剤 ······························· 59
加工硬化 ··································· 22
可溶化 ······································· 60
管厚マイクロメータ ··············· 12
環境対応研削 ························· 148
乾式切削 ··································· 45
ガンドリル ···························· 100
気孔 ··· 25
希釈水 ···································· 161
吸着分子膜 ······························· 44
給油方法 ··································· 96
凝着 ··· 43
極圧剤 ······································· 56
極圧添加剤 ······························· 57
極性基 ······································· 44
極性形 ······································· 55

切りくずのわん曲 ………… 45
切る ……………………………… 6
空気遮断板 ………………… 142
クーラント給油 …………… 120
削る ……………………………… 6
結合剤 ……………………… 25
限界研削能率 ……………… 153
健康障害 …………………… 159
研削温度 …………………… 29
研削加工 …………………… 25
研削比 ……………………… 31
研削焼け …………………… 27
研削油剤の選択 …………… 76
研削割れ …………………… 27
減衰振動 …………………… 32
高圧給油 …………………… 102
工具寿命 …………………… 81
工具ホルダ ………………… 126
工具摩擦 …………………… 19
工作物材質 ………………… 83
構成刃先 …………………… 14
高速噴射給油 ……………… 103
鉱油 ………………………… 68
抗溶着作用 ………………… 47
固有振動数 ………………… 32
混合ミスト法 ……………… 105

◆さ行◆

再結晶温度 ………………… 15
酸化防止剤 ………………… 57
産業廃棄物 ………………… 180
仕上げ面精度 ……………… 81
湿式切削 …………………… 45
主軸内部ミキシング方式 …… 125
主分力 ……………………… 18
潤滑性向上剤 ……………… 57
正面フライス ……………… 86
消泡剤 ……………………… 58
親水性 ……………………… 62
シンセティックタイプ …… 67
浸透作用 …………………… 40
親油性 ……………………… 62
水溶性切削油剤 …………… 54
水溶性切削油剤選択 ……… 82
水溶性ミスト ……………… 131
水溶性ミスト発生装置 …… 133
水溶性ミスト法 …………… 105
すくい角 …………………… 10
すくい面摩擦 ……………… 19
ステップ送り ……………… 101
スピンドルスルー方式 …… 102
静電塗油法 ………………… 129
生分解性エステル ………… 134

切削温度	16
切削断面積	18
切削油剤	38
切削油剤管理表	170
切削油剤の選択	78
切削油剤廃液	183
接触角	42
旋削加工	85
洗浄作用	52
せん断角	11
組織	25
ソリューション	64
ソリューブル	64

◆た行◆

タップ加工	89
他油混入	164
断続切削	21
チッピング	85
直角ノズル方式	151
通常給油	98
ツルーイング	29
適正倍率	162
手給油	97
ドライ切削	97
ドライミスト	113

と粒	25
ドリル	87
ドレッシング	31

◆な行◆

内部給油	100
内部給油装置	111
逃げ角	10
逃げ面摩擦	19
二次元研削	9
乳化	60
ぬれ性	41
熱衝撃	21
熱的損傷	27
熱伝導率	77
熱の流入割合	49
熱変形	51
濃度	161
濃度検査	163

◆は行◆

バイオスタティックタイプ	65
背分力	18
倍率	161
歯切り加工	89
発煙対策	165

索引

189

比熱	77	ミスト給油方法	109
ビビリマーク	29	ミストコレクタ	165
表面張力	40	ミスト抑制剤	58
ピンポイント給油法	129	水ミスト	133
深穴あけ加工	100	ミセル	60
不活性極圧形	55	目こぼれ	28
腐食防止剤	57	目立て間寿命	31
不水溶性切削油剤	54	目つぶれ	31
不水溶性切削油剤選択	81	目づまり	34
腐敗	168	基油	56
フレキシブルシート	143		
ブローチ加工	90	◆や・ら行◆	
フローティングノズル	142	油剤更新手順	178
ペーパーフィルタ	173	油剤劣化	178
防錆剤	70	油性剤	56
防錆作用	24, 51	油膜付水滴加工法	134
防腐剤	170	油膜付水ミスト法	105
		リーマ加工	88
◆ま行◆		粒度	25
マグネットセパレータ	172	冷却作用	48
マシニングセンタ作業	90	冷風研削	144
水・油混合ミスト	136	冷風切削	140
ミスト給油	104	ロングドリル	121

◎著者略歴◎

海野邦昭（うんの　くにあき）

1944年生まれ。職業訓練大学校機械科卒業。
工学博士、精密工学会フェロー、職業能力開発総合大学校精密機械システム工学科教授。精密工学理事、砥粒加工学会理事などを歴任。
主要な著書に、「ファインセラミックスの高能率機械加工」（日刊工業新聞社）、「CBN・ダイヤモンドホイールの使い方」（工業調査会）、「次世代への高度熟練技能の継承」（アグネ承風社）、「絵とき『研削加工』基礎のきそ」（日刊工業新聞社）「絵とき『切削加工』基礎のきそ」（日刊工業新聞社）、「絵とき　研削の実務-作業の勘どころとトラブル対策-」（日刊工業新聞社）、「絵とき『難研削材加工』基礎のきそ」（日刊工業新聞社）「絵とき『治具・取付具』基礎のきそ」（日刊工業新聞社）「絵とき『穴あけ加工』基礎のきそ」（日刊工業新聞社）などがある。

絵とき
「切削油剤」基礎のきそ　　　NDC 532

2009年11月26日　初版1刷発行

定価は、カバーに表示してあります

Ⓒ　著　者　海野　邦昭
　　発行者　千野　俊猛
　　発行所　日刊工業新聞社
　　　　　　〒103-8548　東京都中央区日本橋小網町14-1
　　電　話　書籍編集部　03（5644）7490
　　　　　　販売・管理部　03（5644）7410
　　FAX　03（5644）7400
　　振替口座　00190-2-186076
　　URL　http://www.nikkan.co.jp/pub
　　e-mail　info@media.nikkan.co.jp
　　企画・編集　新日本編集企画
　　印刷・製本　新日本印刷（株）

落丁・乱丁本はお取り替えいたします。
2009　Printed in Japan
ISBN 978-4-526-06356-5 C3053

Ⓡ〈日本複写権センター委託出版物〉
本書の無断複写は、著作権法上での例外を除き、禁じられています。
本書からの複写は、日本複写権センター（03-3401-2382）の許諾を得てください。